营造和谐空间环境

——室内外空间环境设计原理及案例赏析

白 旭 著

中国纺织出版社

内容简介

本书主要围绕室内外空间环境设计原理及案例赏析进行具体的探讨。内容包括：室内空间设计概述（室内环境设计的概念、定义、内容、风格），室内空间设计原理（空间设计、界面设计、家具陈设布置），室内空间设计典型案例赏析，室外环境设计概述（室外环境的概念、界定，室外环境设计的构成要素、特征），室外环境设计原理（室外空间设计、界面设计、环境景观设计），室外环境设计典型案例赏析。本书的适用人群为环境设计方向的教师及学生。

图书在版编目（CIP）数据

营造和谐空间环境：室内外空间环境设计原理及案例赏析 / 白旭著. -- 北京：中国纺织出版社，2019.4（2024.2重印）
ISBN 978-7-5180-4631-7

Ⅰ. ①营… Ⅱ. ①白… Ⅲ. ①建筑设计-环境设计 Ⅳ. ①TU-856

中国版本图书馆 CIP 数据核字(2018)第 014743 号

责任编辑：武洋洋　　　　责任印制：储志伟

中国纺织出版社出版发行
地址：北京市朝阳区百子湾东里 A407 号楼　　邮政编码：100124
销售电话：010-67004422　　传真：010-87155801
http://www.c-textilep.com
E-mail: faxing@c-textilep.com
中国纺织出版社天猫旗舰店
官方微博 http://www.weibo.com/2119887771
北京兰星球彩色印刷有限公司印刷　各地新华书店经销
2019 年 4 月第 1 版　2024年2月第12次印刷
开本：710×1000　1/16　印张：13.5
字数：250 千字　定价：68.00 元

前 言

随着我国国民经济的不断发展，人们文化修养和审美情趣的逐步提高，对室内外空间环境有了更高的要求。这对于每一位设计师而言，既是机遇又是挑战。显而易见，室内外空间环境设计是现代环境意识的衍生范畴，同时也是建筑空间的外延与深化。

近年来，虽然很多专家与学者在室内外空间环境设计方面做出了研究，相关著作众多，但这并不意味着再无进一步研究的必要。为了更加深入地探索这部分内容，作者撰写了本书。

本书共分六章，第一章主要围绕室内空间设计进行大致论述，包括室内环境设计的概念、定义、内容、特征、程序、过程、风格等内容；第二章对室内空间设计原理做出了深入探讨，内容包括四个方面，即空间设计、界面设计、家具陈设布置以及绿化设计；第三章主要对室内空间设计典型案例进行了赏析，包括室内私密活动空间设计案例赏析、室内交通空间设计案例赏析以及室内公共活动空间设计案例赏析等内容；第四章主要介绍了室外环境设计，内容包括室外环境的概念、界定、构成要素、特征、原则与方法，等等；第五章侧重讨论了室内环境设计原理，包括室外空间设计、界面设计、环境景观设计、环境照明设计以及标识性系统设计等内容；第六章为室外环境设计典型案例赏析，内容包括居住区外环境设计典型案例赏析、校园环境设计典型案例赏析、办公建筑外环境设计典型案例赏析、纪念性建筑外环境设计典型案例赏析等。

总的来讲，全书对室内外环境空间设计原理及案例赏析进行了深入论述，并融入了大量精美插图，使全书的观赏性与艺术性得到了提高。

本书在撰写过程中参考了大量相关文献资料，得到了许多专家学者的帮助和指导，在此向有关专家学者致以诚挚的谢意。由于作者水平、时间与精力有限，书中难免存在不足之处，恳请广大读者斧正。

作者

2018 年 11 月

目　录

第一章　室内空间设计概述

营造和谐空间环境离不开对室内环境设计的认知。

本章首先对室内环境设计的概念及定义进行简述，其次分别对室内环境设计的内容与特征、室内环境设计的程序与过程进行介绍，最后对室内环境设计的风格及流派展开说明，具体如下。

第一节　室内环境设计的概念及定义

现代生活中，人们的行为无时无刻不与周围的环境产生联系——人的一生中有超过三分之二的时间是在室内空间中度过的（图 1 －1 －1）。

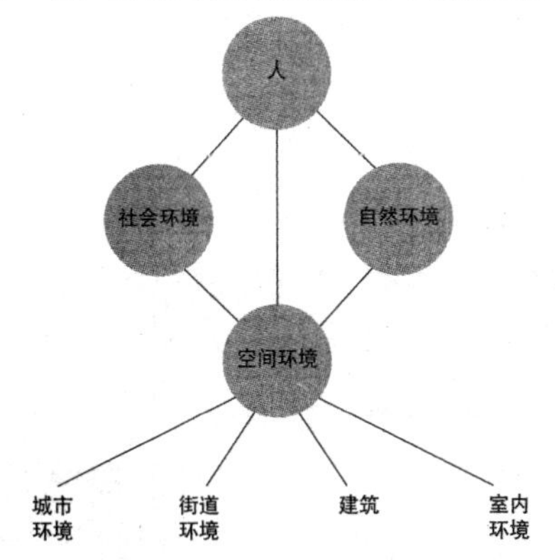

图 1 －1 －1　现代人与环境的相互关系

室内环境由此成为整个环境体系中不可或缺的重要组成部分，直接影响着人们的生活品质。

室内环境设计，是根据建筑物的使用性质、所处环境、使用人群的物质与精神要求、建造的经济标准等条件，运用一定的物质技术手段、美学原理和文化内涵来创造安全、健康、舒适、优美、绿色、环保，符合人的生理及心理要求，满足人们各方面生活需要的内部空间环境的设计，是空间环境设计系统中与人关系最直接、最密切和最主要的方面。

第二节　室内环境设计的内容与特征

一、室内环境设计的内容

室内环境设计是一门跨学科的综合性较强的专业，其涵盖面很广，主要包括以下几个方面。

（一）界面设计

1. 简述

（1）主要表示对围合或限定空间的墙面、地面、天花等的造型、形式、色彩、材质、图案、肌理等视觉要素进行设计。

（2）需要很好地处理装饰构造。

（3）需要通过一定的技术手段使界面的视觉要素以安全合理、精致、耐久的方式呈现。

2. 示例

图1－2－1所示为某一公共建筑的走道空间。

图1－2－1　某一公共建筑的走道空间

（二）室内物理环境设计

1. 简述

（1）主要表示为使用者提供各种环境（如舒适的室内体感气候环境、光环境、声环境）设计，为使用者提供安全、便捷性的系统（如安保巡更系统、办公自动化系统）服务。

（2）是室内环境设计中极其重要的一个内容，是确保室内空间与环境安全、舒适、高效利用必不可少的一环。

（3）随着科技的发展及在建筑领域的应用拓展，它将越来越多地提高人们生活、工作、学习、娱乐的环境品质。

2. 示例

图 1－2－2 所示为上海浦东国际机场东方航空的头等舱候机厅。

图 1－2－2　上海浦东国际机场东方航空的头等舱候机厅

其为了给旅客提供舒适安全的休息候机服务，室内的空气品质、灯光配置、火灾报警与消防系统等都通过结构化综合布线，来满足智能化的控制要求。

（三）室内陈设艺术设计

1. 简述

（1）室内陈设设计包括家具、灯具、装饰织物、艺术陈设品、绿化等的设计或选配、布置等。

（2）在当今的室内环境设计中，陈设艺术设计起到软化室内空间、营造艺术氛围、体现个性化品味与格调的作用，并且往往是整体装饰效果中画龙点睛的一笔。

2. 示例

图 1－2－3 所示为波兰波兹南的一家小咖啡店。

图 1－2－3　波兰波兹南的一家小咖啡店

其虽然装修并不豪华，但悬挂的艺术剪纸和摆放在餐桌上的鲜花相映成趣，营造出非常浪漫而有个性的品位。

（四）功能分析、平面布局与调整

1. 简述

根据既定空间的使用人群，从年龄、性别、职业、生活习俗、宗教信仰、文化背景等多方面入手分析，确定其对室内空间的使用功能要求及心理需求，从而通过平面布局及家具与设施的布置来满足物质及精神的功能要求。

2. 示例

图 1－2－4 所示为犹太人博物馆（1992－1998 年）[①]。

图 1－2－4　犹太人博物馆（1992—1998 年）

从地下展厅的平面示意图可以看出，设计师通过斜向交叉形成锐角的参观通道获得锋利的墙体棱线，具有强烈的被撕裂的视觉冲击力；而长长的通道尽端则安排了具有纪念性和唤起冥想作用的特殊空间。

整个室内空间的平面布局、功能分布和造型处理完全是出于缅怀“二

---

① 由丹尼尔·李伯斯金（Daniel Libeskind）设计。

战”中犹太人惨遭灭绝人寰大屠杀的历史、警示世人以史为鉴的需要。

（五）室内空间的组织、调整、创造或再创造

1. 简述

即对所需要设计的建筑的内部空间进行处理，组织空间秩序，合理安排空间的主次、转承、衔接、对比、统一，在原建筑设计的基础上完善空间的尺度和比例，通过界面围合、限定及造型来重塑空间形态。

2. 示例

图1－2－5所示为某一单元式住宅的室内。

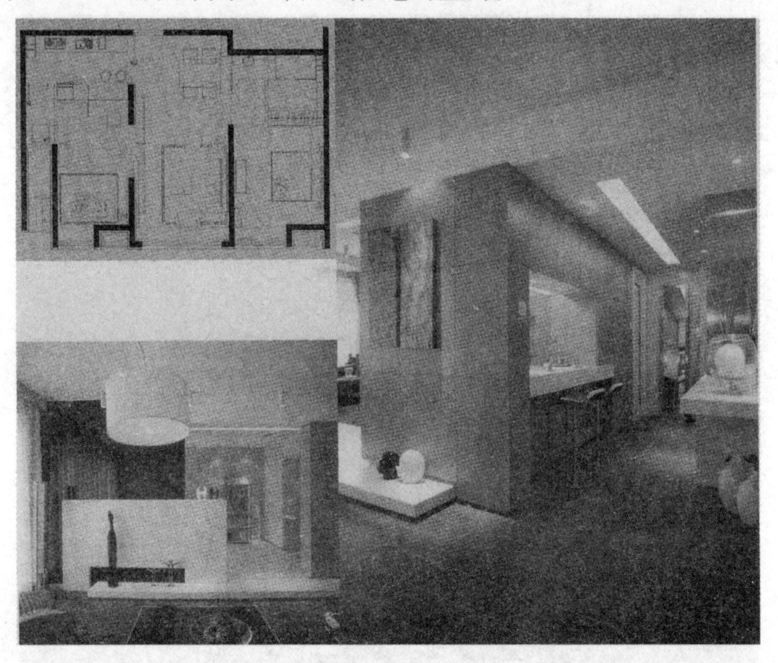

图1－2－5　某一单元式住宅的室内

设计师通过扩大门洞、门洞两边墙体材料和造型差异化处理、局部抬高地面、设置凹入空间形成体块感的墙体等手段，重新塑造了空间形态，打破了原来较为呆板的两房两厅的建筑格局，增加了空间的流动感和利用率。

二、室内环境设计的特征

（一）艺术性

1. 简述

室内环境设计的过程和结果均通过一定的艺术表现形式来体现一定的审美情趣，创造出具有艺术表现力和感染力的空间及形象，视觉的愉悦感和文化内涵是室内环境设计在心理和精神层面上的要求。

2. 示例

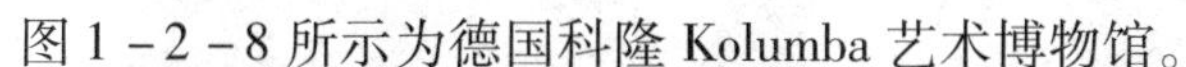
图 1－2－8 所示为德国科隆 Kolumba 艺术博物馆。

图 1－2－6　德国科隆 Kolumba 艺术博物馆

该建筑里含有一个利用旧教堂遗址新建的小教堂。设计师用富有感染力的艺术形象创造出与传统宗教空间不同的艺术形式。

（二）目的性

1. 简述

以满足人的需求为出发点和目标，“以人为本”的理念应贯穿设计的全过程。

2. 示例

图1－2－7 所示为美国某儿童医院候诊区。

图1－2－7　美国某儿童医院候诊区

该候诊区用屋中屋的概念、云朵的造型、鲜艳的色彩为受疾病折磨的孩子提供了一处暂时忘却病痛的游戏世界，体现了对使用人群的关怀，饱含“以人为本”的设计理念。

（三）物质性

1. 简述

室内环境的实现是以视觉形式为表现方式，以物质技术手段为依托和保障，特别离不开材质、工艺、设备、设施等的物质支持，科技的进步为设计师和业主提供了更多的选择，从而有可能带来室内环境设计的变革。

2. 示例

图1－2－8 所示为德国慕尼黑的宝马世界（2001－2007 年）室内展厅。

图 1－2－8　德国慕尼黑的宝马世界（2001—2007 年）室内展厅

该展厅用金属材料做成巨大的弧形，突显科技的力量。

（四）整体性

1. 简述

（1）室内环境设计各要素相互影响、互为依存、共同作用，既要考虑人与空间、人与物、空间与空间、物与空间、物与物之间的相互关系，又要把握技术与艺术、理性与感性、物质与精神、功能与风格、美学与文化、空间与时间等诸多层次的协调与整合。

（2）要求室内环境设计师不仅仅具备空间造型能力，或是功能组织能力，更需要多方面的知识和素养。

（3）室内环境设计是环境艺术链中的一环，设计师应该培养并加强环境整体观。

2. 示例

图 1－2－9 所示为某流水别墅。

图1-2-9　某流水别墅

该别墅的室内环境因建筑设计而生，与周边的茂密树林、潺潺流水、错落岩石形成一个整体，堪称环境整体观的典范。

第三节　室内环境设计的程序与过程

室内环境设计是为委托设计的业主创造实用与美观的室内空间环境而提供的服务，由于设计内容涉及面广，因此需要通过一种系统化的工作步骤与设计程序来解决在此过程中可能会遇到的每一个问题，科学合理的设计程序是最终设计质量达到预期目标的保证。

从签订委托设计合同开始，到工程竣工交付业主使用的整个过程中共有六个环节（设计前期、初步方案阶段、扩大初步设计阶段、施工图设计阶段、施工实施阶段、竣工阶段），且每个环节有各自的工作流程，下面分别对其进行具体论述。

一、设计前期

这个阶段需要为以后的设计和施工工作能有条不紊地展开而进行各方

面的准备。

（一）签订工程设计合同

为了保障建设单位或个人（即业主）与设计单位及其设计师的双方利益，就委托设计的工程性质、设计内容和范围、设计师的任务职责、图纸提交期限、业主所应支付的酬金、付款方式和期限等以合同条文的形式加以约定。双方签字后就成为规范和约束各方行为的具有法律效力的文件。

（二）明确计划任务书

不论是不是设计招投标项目，在着手进行初步方案设计前，都应该有明确的设计任务书，即明确设计范围和内容、投资规模、室内环境的使用人群、主要的功能空间需求、建筑内部空间现状与未来使用情况之间的矛盾点等。

（三）现场勘察与测绘、外部条件分析

在设计前期阶段还有一项必须进行的工作就是现场勘察。通过现场的实地勘察，设计师可以有更直接的空间感，也可以通过测绘和摄影记录下一些关键部位的实际尺寸和空间关系（环境空间条件是客观存在的影响设计的外因），而这些现场资料和数据，也将成为设计师下一步开展设计工作的重要依据。

（四）设计内在因素调研分析

使用者的人的因素也是必须在设计前期进行深入研究的，因为室内环境设计的目的是“为人提供安全、美观、舒适、有较好使用功能的内部空间”，研究内容应包括空间主要使用人群的年龄、职业特征、文化修养、价值观、对私密性要求、对颜色和装饰风格的喜好、使用空间的行为模式等。设计师可以通过问卷调查、实地观察、面对面交流沟通等方式获得信息，并整理汇编成文件资料，作为设计的另一项重要依据。

二、初步方案阶段

（一）草图和设计概念拓展

经过设计前期阶段的工作，设计师应对设计目的和要解决的问题有了较为清晰的认识，明确了设计定位。在此基础上，应采用“集智”和

“头脑风暴”的方式来尝试各种可能，快速绘制出草图，加上少量的文字，把对构思立意、各种理性分析、功能组织、空间布局、艺术表现风格等的思考表达出来。

这一阶段应尽量少考虑条条框框的限制，而尽量多地提出各种方案，才可能经过充分的方案比较而获得最佳选择。

（二）对初步设计方案进行比较并确定方案

初步方案正式提交之前，应把前期的资料、本阶段的过程草图和最终较为清晰的方案成果整理成册，其中的图纸内容应包括功能分区分析图、流线分析图、景观视线分析图、平面布置图、顶面图、主要立面展开图、彩色透视效果图和设计说明等。业主在得到一家设计单位的多个初步设计方案或多家设计单位的多个方案以后，应邀请相关专家和将来的使用者一起进行方案的比较，从中遴选出最佳方案，并以此为依据确定最终的设计单位。

（三）初步推算方案的提交

对于非住宅类项目，设计单位应在汇编初步方案成果的同时，根据所提出的方案编制初步的概算供业主参考。

三、扩大初步设计阶段

（一）修改深化设计方案并预选家具设备与主要材料

对于投资规模不大、功能并不复杂的住宅类项目，这一阶段可以省去而直接进入到施工图设计阶段。但对于大多数非住宅类项目来说，尤其是经过设计招投标过程的项目，需要有方案进一步调整、优化的过程。在此阶段，应进一步对有助于设计的资料和信息进行收集、分析和研究，借鉴其他竞标方案中得到认可的内容，在此基础上修改、优化、深化方案。

编制更为详细的文本，应包括设计构思和立意说明、设计说明、主要装修用材和家具设备表、室内门窗表、平面布置图、顶面图、立面展开图、重要的装饰构造详图和大样、彩色效果图等。

（二）配套设计设备与结构图纸

应与结构（如果有改建、扩建分项时需要结构工程师的配合）、暖通、给排水、用气等配套工种设计师进行协调，解决好设备系统选型、管线综合等问题，设备对空间的要求应给予最合理的解决方案，并通过配套专业扩大初步设计图纸的形式呈现出来。

（三）工程预算

设计单位的预算员应根据该阶段的图纸计算并编制一套较为详细的工程预算书，一并递交给业主以供确认。

四、施工图设计阶段

（一）提交完整的可供施工的设计图纸与相应的配套工种设计图纸，明确主要材料与家具设备选型要求

扩大初步设计阶段的图纸经过会审确认后，就应进入到施工图设计阶段。设计师应清楚地认识到这一阶段的图纸是下一个环节——施工全面展开的依据，图纸的详细程度、完整性、准确性、可读性、规范性等因素将直接关系到施工人员对图纸的理解，并影响施工的最终效果和质量。

图纸应包括设计说明、家具设备和主要装修材料表、室内门窗表、墙体定位图、平面布置图、地面材料铺设图、综合顶面图、顶面灯位布置图、立面索引图、立面展开图、有特殊工艺要求或指定施工做法的所有构造节点详图和装饰细部大样图，以及相应配套专业的完整的施工图纸。

（二）制订详细的工程预算

设计单位的预算员应根据最终的整套施工图纸编制一套详尽的工程造价预算书。

五、施工实施阶段

这是设计得到具体实施的阶段。虽然这一阶段主要由施工单位来执行，但设计师仍需扮演非常重要的角色。

（一）施工图纸技术交底

在业主通过施工招投标的形式来选择施工队伍时，设计师需要给竞标的施工队伍解释关于图纸上的疑问；当业主确定下施工队伍时，在施工人员进驻施工现场开始正式施工前，设计师需要向施工单位进行图纸技术交底。

（二）现场指导与监理，参与选样、造型、选厂

在整个施工过程中，设计师应定期到现场进行指导，及时处理图纸与现场实际情况不相符的情况，协调各设备专业管线发生的冲突、出具修改通知；设计师应参与质量的监督工作，参与主要装饰材料、设备、家具、灯具的选择、选型、选厂。

（三）软装饰、绿化、陈设等的设计与选配

到施工末期，设计师还应主导进行软装饰、绿化、陈设等的设计和选配，对于公共建筑中需要设置标识系统的，室内环境设计师应从环境的整体出发，给平面设计单位一定的意见或建议，例如标识的色彩、材质、位置、大小、形式、构造措施等。

六、竣工阶段

（一）参与验收和追踪评估

施工单位完成了施工作业，需要经过竣工验收，合格后才能把场地移交给业主使用。竣工验收环节，设计师也是必须参加的，既要对施工单位的施工质量进行客观评价，也应对自身的设计质量做一客观评估。设计质量评估是为了确定设计效果是否满足使用者的需求，一般应在竣工交付使用后 6 个月、1 年甚至 2 年时，分四次对用户满意度和用户环境适合度进行追踪测评。由此可以给改进方案提供依据，也能为未来的项目设计增进和积累专业知识。

（二）提交用户有关日常维护和管理的注意事项

设计师应在工程竣工验收合格、交付使用时，向使用者介绍有关日常维护和管理的注意事项，以增加建成环境的保新度和使用年限。

由上可知，一个室内装饰装修项目从立项到竣工，设计在其中起了龙头作用，设计师是项目成败的核心，因此设计师的专业能力和敬业精神对项目都是至关重要的。

第四节　室内环境设计的风格及流派

一、室内环境设计的风格

（一）自然风格

1. 简述

自然风格倡导设计自然空间，美学上推崇“自然美”，力求表现悠闲、舒畅、自然的田园生活情趣，擅长使用天然材料，巧于设置室内绿化，创造自然、简朴、清新淡雅的氛围。

2. 示例

图1-4-1所示为自然风格示例。

图1-4-1　自然风格示例

其不仅仅是以植物摆放来体现自然的元素，而是从空间本身、界面的设计乃至风格意境里所流淌的最原始的自然气息来阐释风格的特质。

（二）现代风格

1. 简述

（1）现代风格一般强调突破旧传统，创造新形式，重视功能和空间组织，注意发挥结构构成本身的形式美。

（2）现代风格通常造型也比较简洁一些，反对多余装饰，崇尚合理的构成工艺，尊重材料的性能，讲究材料自身的质地和色彩的配置效果，发展了非传统的以功能布局为依据的不对称的构图手法。

2. 示例

图 1 –4 –2 所示为现代风格示例。

图 1 –4 –2　现代风格示例

其和新材料、新工艺联系在一起的，符合现代生活的需要和时尚流行的审美情趣，简洁实用，强调设计对人们生活观念和生活方式的影响。

（三）古典风格

1. 简述

（1）古典风格对传统装饰“形”“神”特征有所吸收，是在各国和各地区的传统设计（包括室内布置、线形、色调及家具、陈设的造型等）中展开的。例如，传统中式、哥特式、文艺复兴式、巴洛克、洛可可、古典主义等风格。

（2）古典风格常给人们以历史延续和地域文脉的感受，它使室内环境突出了民族文化渊源的特征。

2. 示例

图1－4－3所示为绍兴饭店。

图1－4－3　绍兴饭店

中国园林的传统拱门在酒店大堂内显得很有韵味，悬挂着的大型宫灯，营造出中式的古朴气质。建筑横梁上镶着精致的铜质云纹浮雕，成为装饰构件，构筑了兼顾传统特色和酒店时尚的现代中式厅堂。

（四）后现代风格

1. 简述

后现代风格强调建筑及室内装潢应具有历史的延续性，但又不拘泥于传统的逻辑思维方式，探索创新造型手法，讲究人情味，常把古典构件的抽象形式以新的手法组合在一起，即采用非传统的混合、叠加、错位、裂变等手法和象征、隐喻等手段，以期创造一种融感性与理性、集传统与现代的建筑室内环境。

2. 示例

图1－4－4所示为后现代风格示例。

图1－4－4　后现代风格示例

其主张新旧融合、兼容并蓄的折中主义立场。空间以西班牙风格配以多种装饰手段来处理，独特的柱体附上巴洛克风格的圆拱造型雕花，从而形成一种新的形式语言与设计理念，给视觉审美带来强烈的冲击性。

（五）综合型风格

1. 简述

总体上呈现多元化、兼容并蓄的状态，在装潢与陈设中融古今中西于一体，不拘一格，运用多种手段，深入推敲形体、色彩、材质等方面的总体构图和视觉效果，追求实用、经济、美观。

2. 示例

图1－4－5所示为综合风格示例。

图1－4－5　综合风格示例

其采用不同时代和风格的家具陈设，传统的布局方式，或者保留原汁原味的原始形态，或者元素被提炼至极简，在现代设计手法的糅合中，给人以超强的视觉冲击与审美享受。

二、室内环境设计的流派

（一）光亮派

1. 简述

（1）光亮派也称银色派，追求夸张、富于戏剧性变化的室内氛围和艺术效果。

(2) 在室内环境设计中夸耀新型材料及现代加工工艺的精密细致及光亮效果，往往在室内大量采用镜面及平曲面玻璃、不锈钢、磨光的花岗石和大理石等作为装饰面材。

(3) 在室内环境的照明方面，常使用投射、折射等各类新型光源和灯具，形成光彩照人、绚丽夺目的室内环境。

2. 示例

图1－4－6所示为某餐厅。

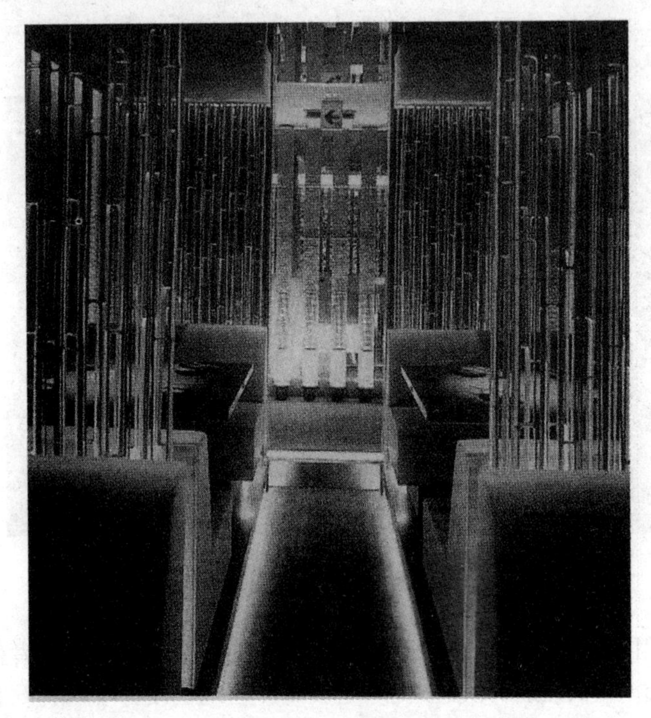

图1－4－6　某餐厅

该餐厅造型别致的不锈钢隔断，在灯光的投射与折射下，活跃了用餐气氛，提升了空间品位。

(二) 高技派

1. 简述

(1) 高技派对当代工业技术成就非常重视，往往会将高新技术在建筑形体和室内环境设计里的作用予以凸显。

（2）高技派常会使用最新的材料（如高强钢、合金铝、塑料等）来建出量轻、省料，可以快速装、改的建筑结构与室内环境。

2. 示例

图1－4－7所示为某办公空间。

图1－4－7　某办公空间

旧工业建筑固有的浓郁德国包豪斯风格成为这个办公空间压倒性的语汇前提。

厚实的楼梯传递着粗犷稳重的气息，黑色的钢架是主要的支撑结构，线的构成要素在白墙的烘托下更为突出。黑白灰的背景中跳跃着色彩鲜艳的艺术作品，增加了空间的艺术感染力。

（三）风格派

1. 简述

在色彩及造型上都非常有个性。建筑与室内往往会在几何方块的基础上运用建筑室内外空间彼此穿插的方式，对体块（如屋顶、墙面等）凹凸和色彩等进行强调，以让室内装饰和家具体现几何感和色彩感（红、黄、青三原色或黑、灰、白互相配置）。

2. 示例

图 1-4-8 所示为某建筑内楼梯。

图 1-4-8　某建筑内楼梯

大体块的界面处理和夸张鲜明的色彩运用，风格派的作品往往能给人留下深刻的印象。

（四）白色派

1. 简述

白色派又称平淡派，它的室内环境设计反对装饰，常以白色为基调，看上去洁白干净，朴实无华。

2. 示例

图 1-4-9 所示为某住宅客厅。

图 1-4-9　某住宅客厅

白色派的室内环境理想、内敛和含蓄，但恰到好处的陈设和看似不经意的色彩却能很好地调节环境的气氛，收到意想不到的效果。

（五）超现实派

1. 简述

（1）超现实派追求所谓超越现实的艺术效果，具有颓废、厌世者的思想情绪，利用虚幻环境填补心灵上的空虚。

（2）在室内布置上具有以下特征。

①色彩非常浓重。

②光影变幻莫测。

③家具与设备造型奇特。

④界面会选择流动弧形线型的或曲面。

⑤往往会使用跟平常不一样的空间组织。

⑥喜欢用兽皮、树皮等作为室内装饰品。

⑦常以现代绘画或雕塑来烘托超现实的室内环境气氛。

2. 示例

图1－4－10所示为某建筑内过道。

图1－4－10　某建筑内过道

目不暇接的“光”处理，成为空间的主要表情，使空间的情调与氛围具有了一种互动可变性，光怪陆离中仍可感受中式文化所蕴含的情理。

（六）新洛可可派

1. 简述

洛可可是18世纪在欧洲宫廷非常流行的一种建筑装饰风格，以精细轻巧和繁复的雕饰为特征。新洛可可秉承了洛可可繁复的装饰特点，但装饰造型的“载体”和加工技术却运用现代新型装饰材料和现代工艺手段，从而具有华丽而略显浪漫、传统中仍不失有时代气息的装饰氛围。

2. 示例

图1－4－11所示为某室内空间。

图 1 - 4 - 11　某室内空间

该空间对传统设计元素进行色彩、线条和体量上的改良，以符合现代生活和审美的需要，并且使之焕发新的生命光彩。

（七）装饰艺术派

1. 简述

装饰艺术派擅长对多层次的几何线型及图案的运用，常会对建筑内外门窗线脚、檐口等位置进行重点装饰。

2. 示例

图 1 - 4 - 12 为装饰艺术派示例。

其通过对空间中界面的精心处理，几何形轮廓清晰有力，融合了华美、魔幻与奢侈，使环境氛围更具有感染力，更能表现出建筑空间的功能特性。

图 1-4-12　装饰艺术派示例

（八）解构主义派

1. 简述

（1）解构主义派是一种貌似结构构成解体、对传统形式构图创新、用材粗放的流派，对传统古典的构图规律全部否定，对不受历史文化和传统理性的约束非常看重。

（2）解构主义是对20世纪前期欧美盛行的结构主义理论传统的致意和批判，其形式的实质是对结构主义的破坏和分解。把原来的形式打碎、叠加、重组，追求与众不同，常常给人意料之外的刺激和感受。

（3）设计语言比较难懂，只强调表意性，导致作品与观赏者“沟通”起来非常不方便。

2. 示例

图 1-4-13 为解构主义派示例。

图 1－4－13　解构主义派示例

其打破秩序然后再创造更为合理的秩序，空间设计粗放浑厚，结构上的巧妙安排营造出室内神奇的光影效果，结合空间造型，给人造成一种奇妙的心理感受。

第二章　室内空间设计原理

前面我们已经对室内空间设计的概念、内容、程序和风格进行了详细分析，本章我们将阐述空间设计的原理，即空间设计、界面设计、家具陈设布置和绿化设计等。

第一节　空间设计

建筑大师弗兰克·劳埃德·赖特曾经提出过这样一个观点，那就是四面墙围起来的并不是所谓的建筑，重点是四面墙里面的空间，那个真正住用的空间才能称之为是建筑。这个空间就是我们日常生活和活动的建筑室内空间，其实质是人的各种生活和工作活动所要求的理想空间环境。

一、空间功能与环境空间

室内设计之所以存在并成为一个行业，是因为它能为人们创建宜人的室内环境。人是室内设计服务的主体，那么室内环境的内容就表现在满足人对环境的生理和心理的要求上（图 2 –1 –1）。

（一）空间功能组合的有机性

不管是哪一种类型的建筑，都可以将其分为是不同的功能空间。进行室内环境设计时，必须首先分析该项目中相互关联的建筑、区域空间及其活动情况，哪些空间是主要的，哪些空间应相毗邻，哪些则应隔离或相互融合（图 2 –1 –2、图 2 –1 –3）。以住宅为例，住宅由门厅、起居室、卧室、卫生间、厨房和餐室等家庭日常生活必需的居住空间与辅助空间组成，它们存在着有机的联系。

（二）空间功能环境的系统性

1919 年德国创建的包豪斯（Bauhaus）学派倡导一切设计都要重视功

能，要求室内空间的功能系统按其服务内容和特点而定，并配置与之相适应的环境，设计师要根据不同的要求来进行有针对性的规划设计（图2－1－4）。

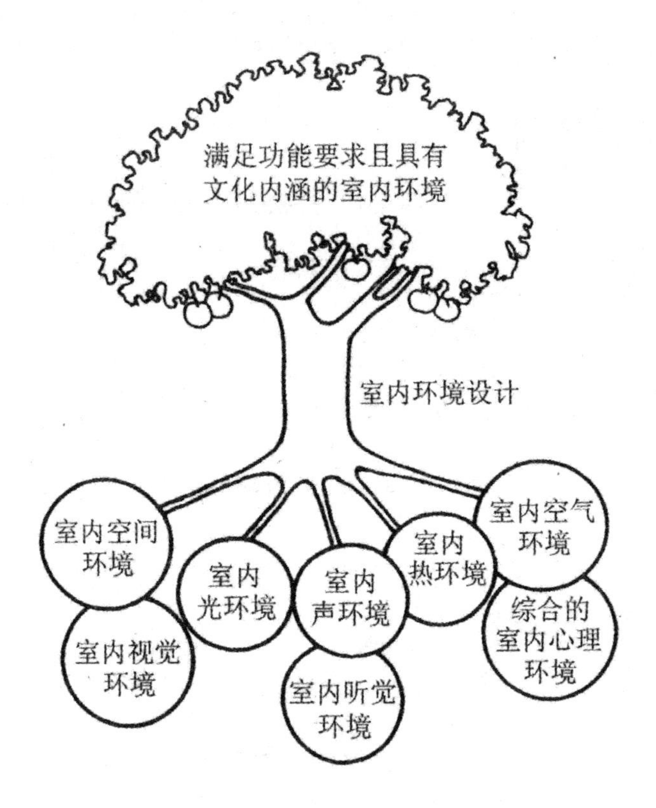

图2－1－1　室内环境包含的内容

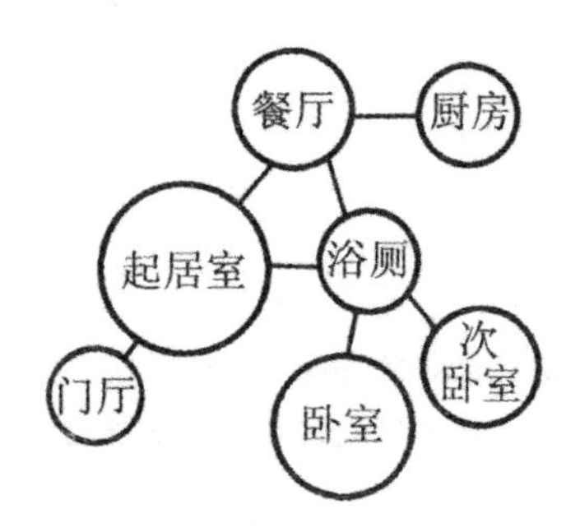

图2－1－2　住宅中各功能空间的关系

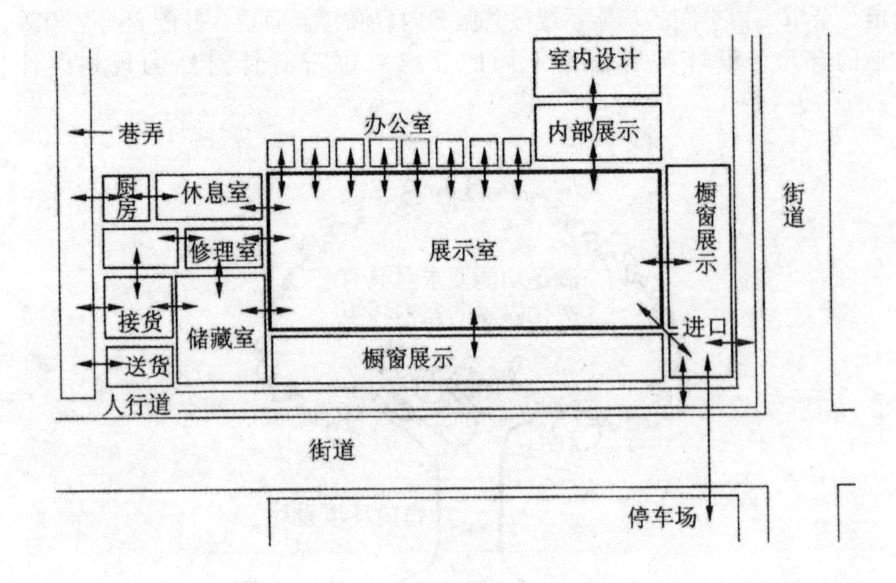

图 2－1－3　展览厅的功能关系

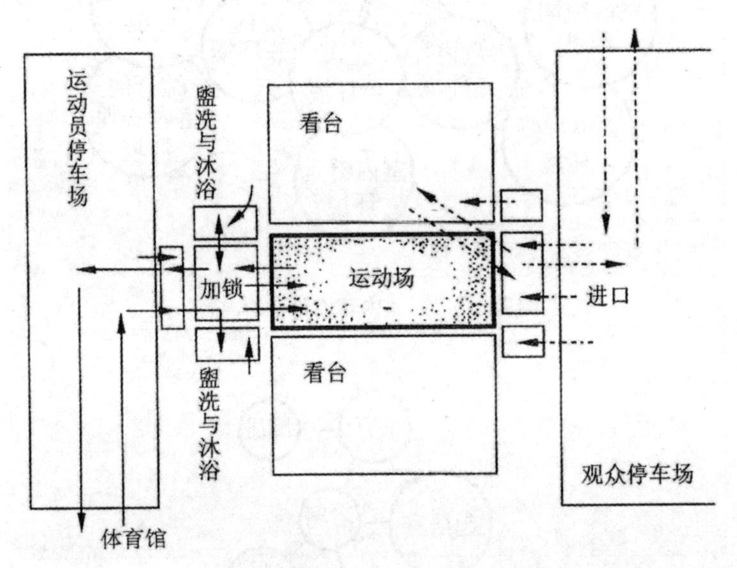

图 2－1－4　某运动场的功能空间配置（实线和虚线箭头分别代表运动员和观众的进出路线）

二、室内空间的构成

（一）室内空间与审美

室内空间是通过一定形式的界面围合而表现出来的，但并非有了建筑内容就能自然生长、产生出来，功能也绝不会自动产生形式，形式是靠人类的形象思维产生的，而人的形象思维和本身的审美心理有着密切的关系，同样的内容也并非只有一种形式才能表达。人对空间的审美感知主要是通过环境气氛、造型风格和象征含义决定的。它给人以情感意境、知觉感受和联想。人类利用这种对空间的审美认知心理，可以根据不同空间构成所具有的性质特点来区分空间的类型或类别。从图 2－1－5 中可以看到空间尺度与人体的关系，以及空间的分隔与人的心理反应：（a）所示的空间尺度是拥挤的；（b）所示的空间尺度是亲切的；（c）为正常的大空间尺度，头顶上留有较大空间，好似人们进入一个纪念性的大空间或剧院的观众厅内；（d）则显示了人群与空旷高大的空间之间的强烈对比尺度。

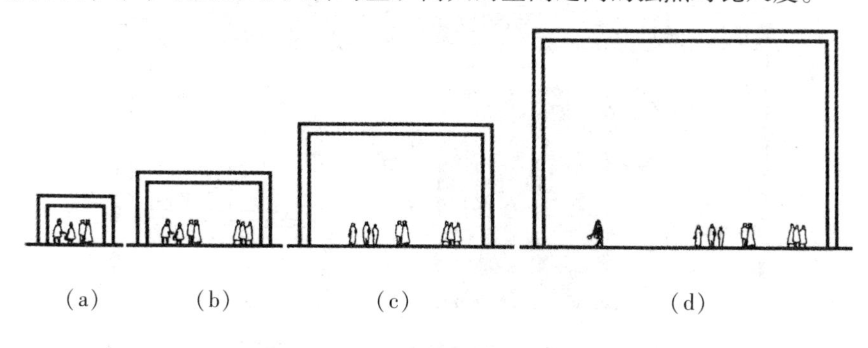

图 2－1－5　空间尺度与人体的关系

1. 固定空间和灵活空间

固定空间常是一种经过深思熟虑、功能明确、位置固定的空间。灵活空间又称为可变空间，与固定空间特定的使用功能不同的是，灵活空间可以根据不同的具体需求进行灵活多样的调整与改变，使空间形式满足人们的需要，在灵活空间中应用比较多的有开关自如的隔断、折叠门，此外在公共环境中的可升降的舞台、活动墙面以及天棚等也属于灵活空间的一种。

图 2－1－6 所示住宅以厨房、洗衣房、浴室为核心，作为固定空间，

尽端为卧室，通过较长的走廊加强了私密性，在住宅的另一端，以不到顶的大储藏室隔墙分隔出学习室、起居室和餐厅。

2. 静态空间和动态空间

所谓的静态空间通常是指那种空间结构相对比较稳定，平面处理的方式也以垂直或对称式为主。静态空间的一个主要特点就是就空间相对更加封闭，构成上面也不丰富，属于一目了然型的。处于静态空间中，视觉经常会受到一个方位或点的吸引。

动态空间与之相比则更加多样，空间的构成也更加富有变化。与静态空间的封闭不同的是动态空间的视觉感受更加开敞，在视觉方面也具备明显的导向性，由于这种空间设计的多样和变化，视觉自然就会因为不同的吸引而转移。

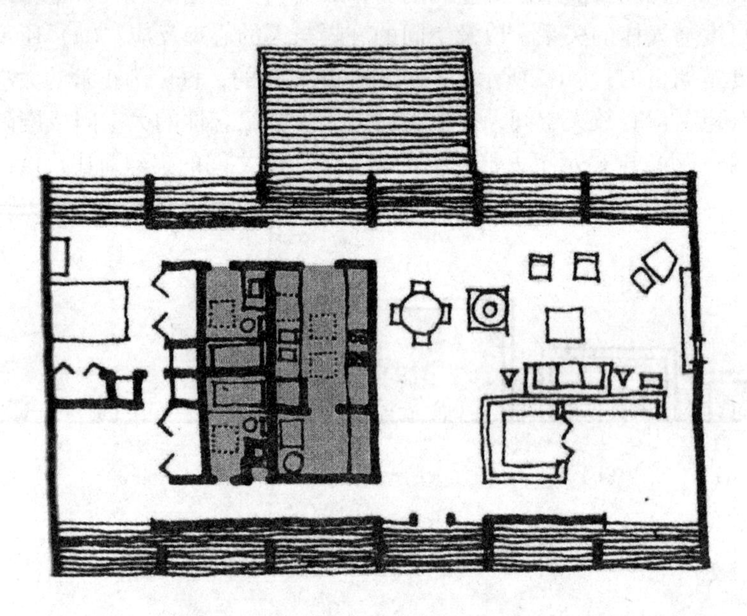

图2-1-6　美国 A. 格罗斯曼住宅平面

3. 开敞空间和封闭空间

任何一个建筑都很少有绝对的开敞或封闭空间，所谓的开敞与封闭都是周围的环境与空间的使用性质相对来说的，同时还要考虑到具体需要，主要是视觉和心理层面。

对于视觉的空间感来说，封闭空间与开敞空间给人的感觉就是一个静止稳定阻隔的，而另一个则是流动多变通透的。封闭空间能将一些事物隔绝于视线以外，保证是一定的私密性，开敞空间则将更多的景观展现在视野中。具体到使用层面，封闭空间由于用了更多的墙或门等隔绝工具，虽然在很大程度上限制了空间变化，但在家具布置方面更占优势；而开敞空间由于不受墙或门的限制，具备更强的灵活性，人们可以根据自己的心情或需要改变室内的布置。相同大小的空间，开敞空间在视觉感受上要明显大于封闭空间。在心理层面，封闭空间给人的感受是肃静和沉闷，在安全感方面占有优势，而开敞空间给人的感受则是活泼和开朗，但缺乏一定的安全感。

此外，不管是在空间性格上还是在景观关系上，开敞空间和封闭空间也是存在本质差异的，在空间性格上，封闭空间更具个体性和私密性，而开敞空间的面向则更加广泛，具有一定的公众性和社会性；在景观关系上，封闭空间带有一定的拒绝性质，而开敞空间则更多的是开放和接纳。图 2 -1 -7 所示范例中，以正方形的模数来布置平面，特点是按规定的方格网作自由分隔，形成开敞的空间，为以后的分隔壁面选用新材料、新结构提供了条件。

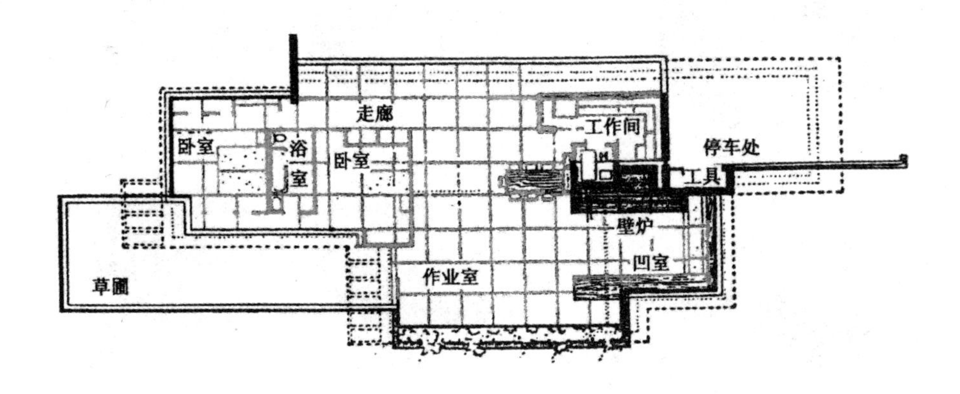

图 2 -1 -7　赖特设计的文克勒·高次齐住宅是现代建筑空间设计的范例

（二）室内空间的构成

室内空间的构成有多种，对于三维立体空间，我们经常会有这样的感觉，那就是比较规整的立体空间或图形，如正方体或圆球等，带给人的感受就是严谨和完整，但在方向方面却比较欠缺。而不等量的、不太规整的如长方体或圆锥体或椭圆体等，虽然在视觉上不会带给人严谨和完整的感觉，但在方向感上面更有代表性，也更具变化性和活泼感。因此，室内空间形式主要决定于界面形状及其构成方式（图2－1－8）。

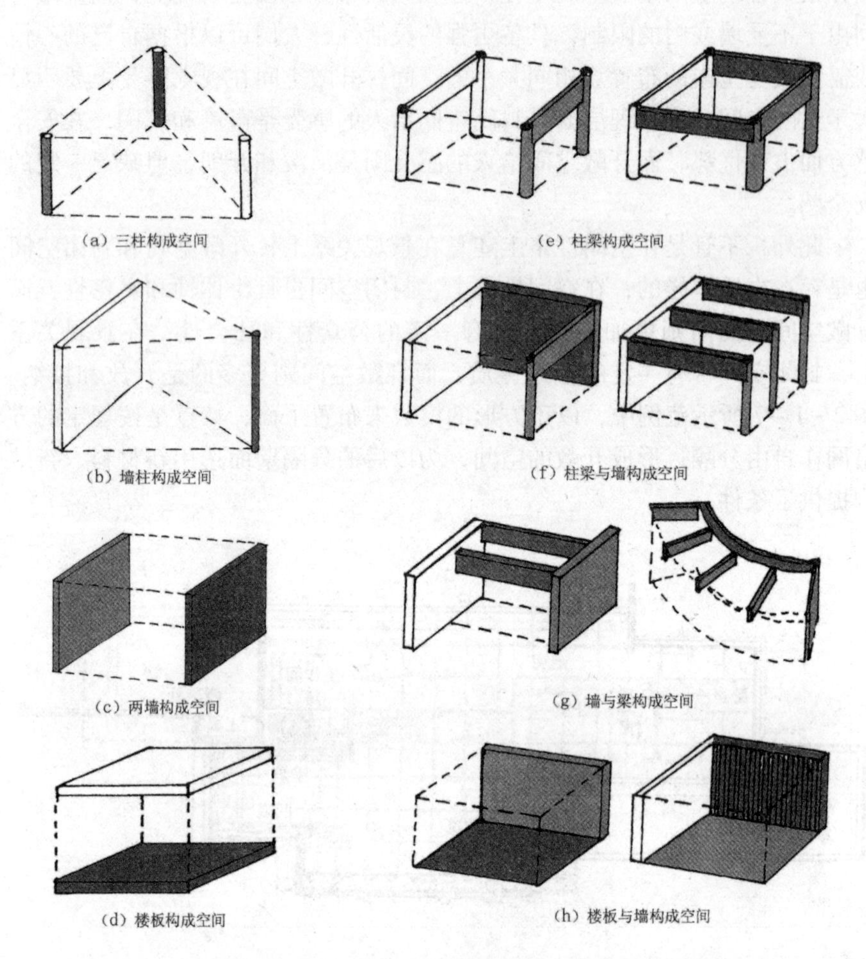

图2－1－8　以建筑中的柱、梁、墙和楼板为元素的最基本的空间构成

从图中我们可以看到，这些三角形、正方形或长方形的几何空间是如此完美无缺，如此整齐美观，它们因此也成为各种设计的基础。虽然上面的图形不一定是规整的圆形、正方形和三角形。但它们的要素却体现在任何一个图形当中。因此，当我们在对这些图形进行探讨的时候，也可以以这些形状为基础，再对组合起来的形状做综合探讨。

三、空间的分隔和组织

（一）空间分隔的方式

1. 绝对分隔

生活中最为常见的空间分隔形式就是我们所说的“房间”，这也是一种对建筑空间的绝对分隔。这种空间封闭程度高，不受视线和声音的干扰，与其他空间没有直接的联系。卧室、卫生间及餐馆的独立包厢等都是典型的空间绝对分隔形式（图2－1－9）。

图2－1－9　上海半岛1919红坊艺术中心

2. 相对分隔

与绝对分隔相比，相对分隔有更多的形式和种类，被分隔出来的空间在封闭程度上相比要明显较小，或不阻隔视线，或不阻隔声音，或可与其他空间直接来往。

3. 弹性分隔

有些空间是用活动隔断（如折叠式、拆装式隔断）分隔的，被分隔的部分，可视需要各自独立，或视需要重新合成大空间，目的是增加功能上的灵活性。

4. 象征分隔

利用这种方法分隔出来的空间其实就是一个虚拟空间，可以为人所感知，但没有实际意义上的隔断作用。多数情况下是采用不同的材料、色彩、灯光和图案来实现。

利用原建筑的地势高差，各展厅空间自然形成层层递进、不断变化的形态，使观众对下一空间有着无尽的想象和期待室内环境设计的空间分隔，不单是一个技术问题，也是一个艺术问题，除了要考虑空间的功能之外，还必须注意分隔的形式、组织、比例、方向、图形、构成及整体布局等。良好的分隔总是虚实得体和构成有序的。

（二）空间的组织

空间组织有四个排序系统，即线性结构、放射结构、轴心结构和格栅结构（图2－1－10）。它们构成了所有空间规划的基础，下面，我们对不同的结构进行详细讲解。

1. 线性结构

将建筑中的单元空间沿着一条线进行布置就是线性结构，单元空间可能在形状或尺寸大小方面有所不同，但它们都相连于这一通道，这就呈现了线性布置安排的结构。

2. 放射结构

这种空间的组织方式通常是有一个中心方位，它处于空间的中心位置，并以此为布局的重点和中心，通过走廊或其他空间向外延展的方式进行布局。放射结构的布局方式通常比较正式。

当然，放射结构布局方式的重心，也就是向外放射的中心也不一定在空间的中心位置，它也可能是不规则，不拘泥于传统的松散型布局。

3. 轴心结构

当出现两个或两个以上主要的线性结构，而且它们以一定的角度交叉时，空间的组合形式即成为轴心结构，空间的每一条轴线本身也可能是设计的一个重点。

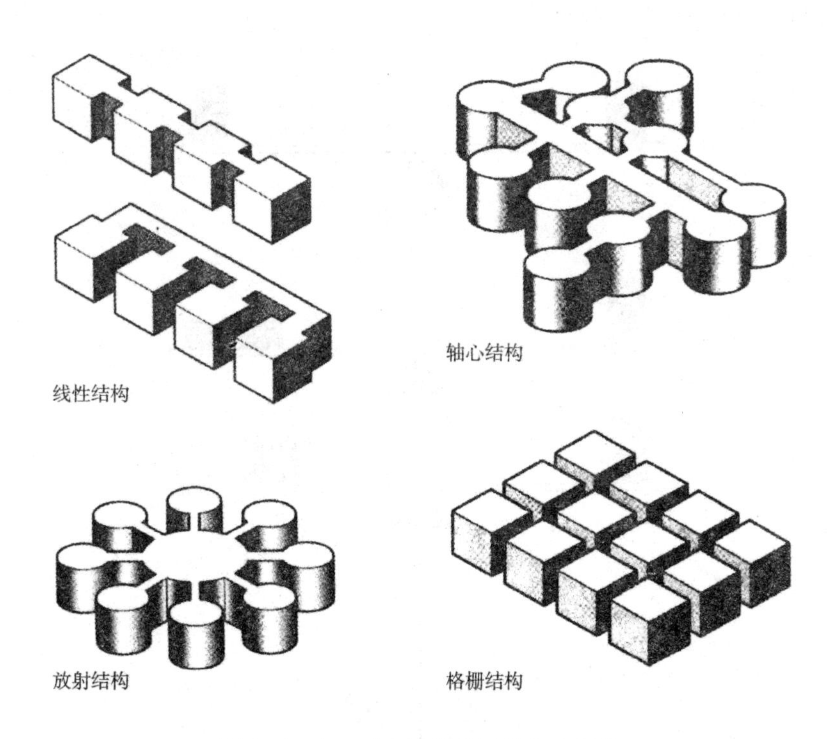

图 2－1－10　空间规划的四种排序系统

4. 隔栅结构

所谓的格栅结构就是有环流路线进行框定，相同空间组织在一起的布局方式。这种结构的大小没有硬性规定，环流通道的布置也相对随意，在此基础上对某一重点区域进行适当突出。虽然这种结构是一种比较常见的布局方式，但是如果使用太频繁或者使用的方式不恰当。给人的感觉就难免单调，严重的时候甚至会显得比较混乱。

四、空间构图

（一）平衡

平衡即对立双方在数量或质量上相等。平衡在自然界中表现出四维的特性——长、宽、高和时间。室内设计中的平衡，采用了建筑和家具上的视觉重量——视重的概念，任何事物给我们留下的心理印象和引起的注意力决定了它的视重。居室是人活动的空间，它的平衡由家具、陈设、光线和人的活动表现出来。人们在习惯上将平衡分成三类：对称平衡、不对称平衡和中心平衡（图2-1-11）。

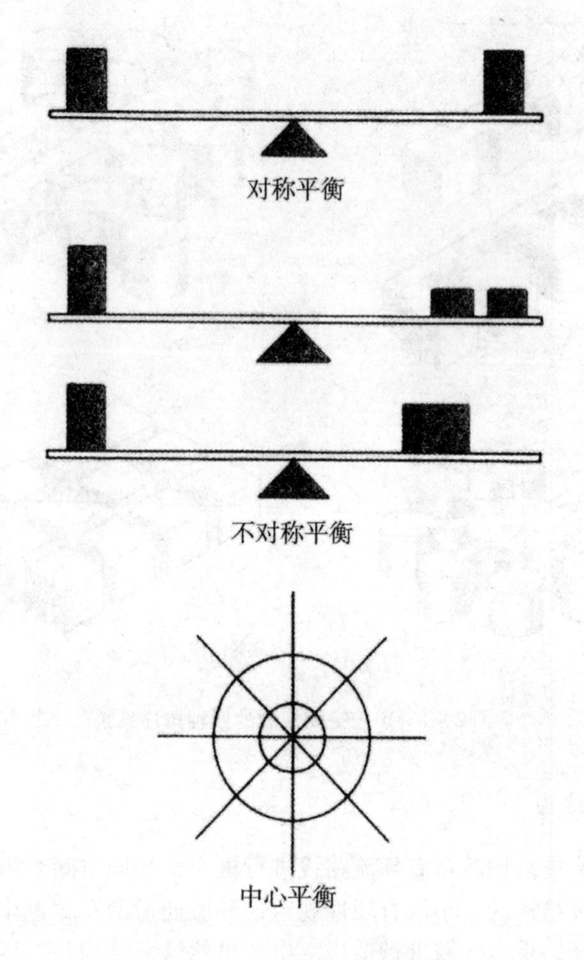

图2-1-11　平衡的类型

1. 对称平衡

两侧相等的、正规的或被动的平衡我们就可以让将其称之为对称平衡。当某物的一边是另一边的倒影（镜像）时便产生了对称。对称平衡中蕴含着的庄严、严谨和高贵，在古典建筑和传统室内装饰中得到了很好的体现。不过，一般而言，将一件物体平分为两个等分会明显地减小物体的尺寸。

在室内空间中，很少有整套房间或单个房间是完全对称的（实用和多样性的需求排除了这样的做法)。不过很多房间存在着对称的家居布置，如方位居中的壁炉、面对面放置的沙发、椅子等。我们常常会出于习惯或懒散而随意地采用对称，于是这样的对称便失去了其本身的魅力，产生了诸多不便，显得单调而无趣。在对称框架下小小的变化有助于提起人们的兴趣，这就是对称的两边通常只是相似，具有相同的视重和不同的形状，而不是完全相同。

2. 不对称平衡

相对于对称平衡，不对称平衡的两侧并不相等，这种平衡也更加主动。采用不对称平衡构图的时候，为了保证视重的相对平衡，构图中的布局尺寸、样式、间距、颜色等要以无形的中心轴为中心进行具体布局，虽然中心轴的两侧分布不一定是相等的。这就是杠杆或秋千原理：离中心的距离乘以重量。物重和视重具有相同的规律，即靠近中心的较重的物体和距离较远的较轻的物体取得平衡（图 2 –1 –12）。

不对称平衡的效果和对称平衡的效果有着显著的区别。对于人们视觉来说，由于不对称平衡更具活力，因此也更容易给视觉带来一种兴奋感。由于对称平衡对人们寻找平衡中心的引导性较强，关于这一点，不对称平衡正好相反，它将一种活力带入其中，带给视觉更多的运动感，从更深的层次激发了人们的思想，并表现出更加久远的魅力。另外，我们还可以从墙体里面图的平衡中看出不对称平衡的另一种样式：将最重的物体置于底部，从顶部开始由轻到重放置物体，以抵消重力的影响。

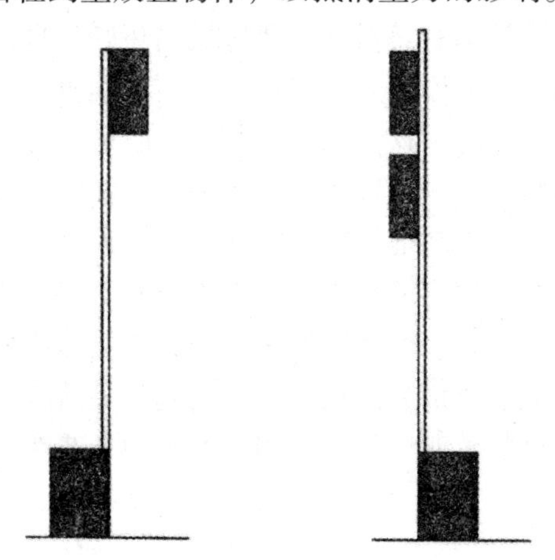

图 2 –1 –12　垂直平衡概念示意图

3. 中心平衡

当一个组合在中心点周围重复出现并都得到了平衡时，这就是中心平衡。它最大的特点就是一种圆周运动，或是从中心发散，或是汇聚到中心，或是环绕中心。

（二）尺度与比例

尺度与比例是两个非常相近的概念，都用于表示事物的尺寸和形状。它们所涉及的仅是大小、数量和程度问题。在建筑或室内设计领域中，比例是相对的，它常用于描述部分与部分或部分与整体的比率，或者描述某物体与另一物体的比率，比如2：1。而尺度指的是物体或空间相对于其他对应物的绝对尺寸或特性，比如10米对3米。用最简单的词语来表达，比例通常被说成是令人满意的或不满的，而尺度则说成大或小。对一个物品的设计必须在尺寸、形状和重量间有一个适当的相对关系，如果设计的物品非常大，那就会因为看上去笨拙不堪而毁了整个外观；如果设计得很小，又会看上去不够醒目，像是随手放上去的。对一个封闭图形而言，正方形是最差的比例关系，而长宽比为2：3的矩形则是最佳的。方形的房间确实会产生很多设计上的问题，其中之一是难以避免的对称性，另一个则是一般的家具的长方形外观与屋子正方形边界之间的糟糕对比。

某办公空间设计师在墙面和地面上采用了同一种材料，中间使用弧形曲面来过渡，使空间更具整体性。要是分析一下这间房间的室内设计，可以很清楚地看到：设计师有意对某些要素做出巧妙处理，呈现出它们在其他情况下不具备的重要程度。这所房屋位于整个别墅区的中心景观带，对于房屋的主人来说希望能将这美丽的景色尽收眼底。客厅中大的落地窗使得窗外的景色成为整个室内设计中的最大亮点。在第二层次，极具民族风味的特色橱柜被单独安放在落地玻璃窗前，显得很突出，具有相当的重要性，在通透性很强的玻璃窗前给人突出而不突兀的感觉。组合座椅原先可以是房间中占优势的部分，但是这里藤制家具的质朴明显没有前面提到的橱柜抢眼，所以就成了亚优势的角色。茶具起到了活泼空间的作用，从房间整体来看，茶具也起了亚优势的作用。地板和天花在这里只能处于次要的部分了。

（三）和谐

虽然在设计策略上要突出一定的层次感，但维持整体的和谐依然十分重要，这样各部分才不会看上去像是随意堆砌或互相冲突。和谐被定义为一致、调和或是各部分之间的协调。

大体上说，当统一性和多样性这两方面相结合时，就达到了所谓的和谐。没有多样性的统一会显得单调而缺乏想象力；多样化如果缺少了诸如颜色、形状、图案或主题的统一性，就会显得过于刺眼、缺乏组织且不协调。

1. 统一性

一般来说，统一是由一个组合物的各部分之间的重复、相似或一致性来达到的。建筑通常确定了空间内外各部分的基本特征。家具的选择应与室内建筑的结构线相呼应，或者为了产生连续感而对颜色、材质或图案进行匹配，比如在整个房间里都使用同一颜色的地毯。主要构件必须能表达一种连续的基本特征，然后再用次要要素予以辅助补充。当然，如果复杂的设计要素一再重复，造成过度的统一性，就会导致视觉上的不适。图2－1－13中的卧室在色彩设计中以黑白灰为主线，无色彩的运用使空间带有“禅”的韵味，也暗示了主人的精神境界和修养。

图2－1－13　某住宅居室的色彩设计

2. 多样性

多样性可以为设计工作增添活力、变化和激情。它的差别可能只会像颜色与质地、外形与空间这类极易同化的要素间的差别那样微小，也可能会像新旧并陈那样明显。未经过规划的、过度的多样性看上去肯定会显得一团糟，它们缺乏视觉上的简洁感。

事实上，在室内设计中如果想仅仅通过注入适量平衡、节奏、加强、和谐、尺度和比例等，就能得到完美方案，那就太可笑了。更多时候，某些原理只有在被打破时才会被人们注意。

第二节　界面设计

由于界面涉及的范围相对较广，因此，我们在阐述界面设计之前要先对界面设计的基本元素进行相关分析与研究。

一、点、线、面、体在空间设计中的应用

不管是采用哪种方式进行设计，也不管设计的内容如何，最基本的要素无外乎点、线、面、体，通过空间结构形式归纳出来的点、线、面、体的结构形态与几何学上的定义不同，它的划分是根据其所处空间的各元素的比例关系比较来决定的。通过对这些要素的使用和发挥，将蕴藏设计的内涵充分表达出来。

（一）点的形态

一定形态的点有凝聚视线的效果，在空间中可处理为视觉中心和视觉对象。不管是从抽象的角度还是按照人们的习惯来看，人们潜意识中认为点的形状就应该是圆形的，这也是点最典型的形状。但在室内空间设计的过程中，在点的应用上面却没有这个层面的限制，这是因为点的具体形状很大程度上收到最外部轮廓的影响，在造型或视觉设计的应用中，人们可以将点设计成任何形状。与圆形的点相比，自然形状的点不进具有圆点所具备的位置的面积的特点，还具备圆形点所不具有的方向特质。也就是说在界面构图或空间设置的过程当中，点的形态会根据具体的需要进行不同的操作，由于起着不同的造型作用所带来的视觉效果自然也就不尽相同，这点在室内设计或空间造型中要尤其注意。

（二）线的形态与组合运用

线是造型最基本的元素，线具有连接和引导的作用。一般有垂直线、

水平线、斜线、几何曲线和自由曲线之分。不同线可以表现出不同的性格，给人的感觉也是不同的。直线表现出直率的性格，体现单纯的美。垂直线让人有上升感，寓意着希望。有时在平面上排列的点相当于立面上排列的直线结构，起着分隔、丰富空间的作用。水平线表示平和，在视觉上有开阔感，在心理上有安全感。斜线则让人有不安定感。曲线给人以柔软复杂的感觉，但其具有动态的特征，在空间中起着活跃空间气氛的作用。线的形态和组合如图 2 －2 －1 所示，直线与曲线在空间中的运用如图 2 －2 －2所示。

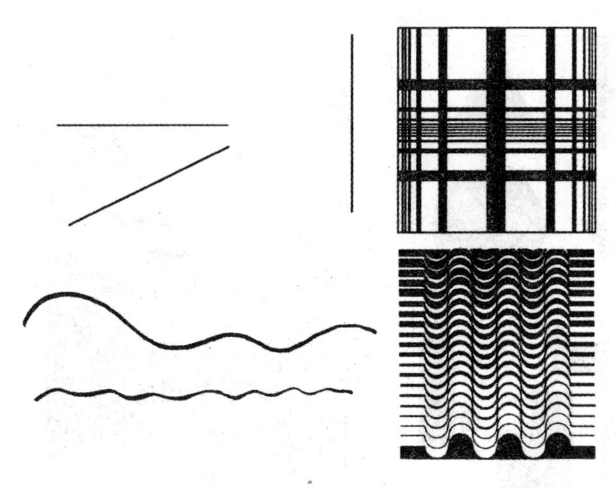

图 2 －2 －1　线的形态和组合

图 2 －2 －2　直线和曲线在空间上的运用

（三）面的形态与组合运用

面在空间中除有背景的意义外，还有着阻隔视线、分隔空间的作用。延长面和延长线一样能引导人们的视线，起到空间导向的作用。水平和垂直的面都具有稳定性，给人以安全感；而斜面则产生巨大的压迫感，缺乏安全感，但它有较强烈的运动感，利用这种斜面给人们以一种视觉上的冲击力和感染力来营造特殊空间氛围不失为是一种好的方法。面的形态如图2－2－3所示，面的运用如图2－2－4所示。

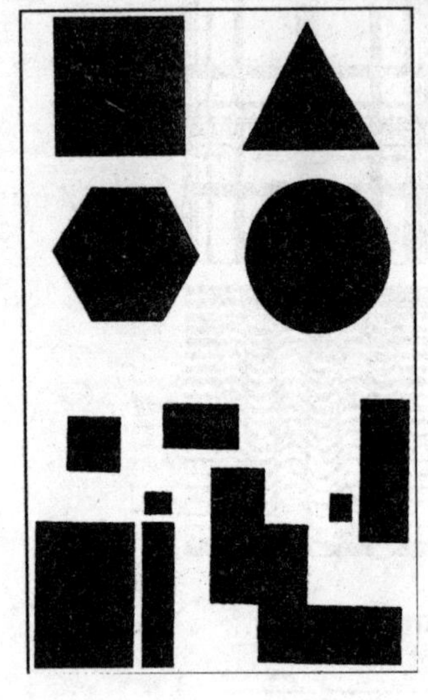

图2－2－3 面的形态

图2－2－4 面的运用

（四）体的形态与运用

构成体的方式方法有多种，既可以是由若干个面围合而成的形态，具有稳定、向心、不易受干扰的特点，适合一些较为稳定、静态的空间；又可以是通过点、线、面之间的相互交汇穿插形成的具有虚拟效果的形态。在空间设计中虚的体态往往更多地参与空间气氛的营造。体的运用如2－2－5所示。

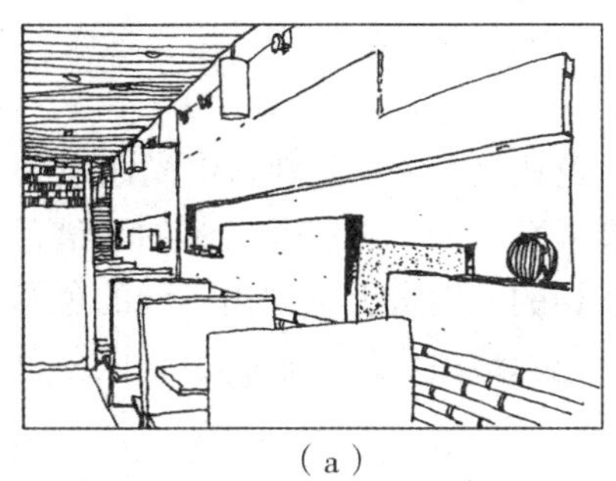

（a）

（b）

（c）

图2－2－5 体的运用

二、色彩的搭配与协调

两种以上色的组合叫做配色。配色若给人以愉快舒服的感觉这种配合就叫做调和，反之，配色给人以不舒服感，就叫不调和。但由于人们对色彩的感觉不同，若非专业人士，大多数人对色彩的理解都比较感性，甚至有的人对色彩感觉迟钝，所以对色彩的理解是不同的。而从色彩本身来讲，不同材质，不同照明环境等都会令色彩产生不同的效果，所以我们所讲的色彩调和即针对上述现象来考虑的。

（一）色彩三要素

色彩的属性需要我们在这里进行具体探讨，内容包括色相、明度与纯度色彩的三要素。下面，我们主要围绕这三者具体探讨。

1. 色相

从光学角度看，色相（Hue）差别是由光渡波长长短不同产生的，色彩的相貌是以红、橙、黄、绿、青、蓝、紫的光谱色为基本色相，一定波长的光或某些不同披长的光混合，呈现出不同的色彩表现，这些色彩表现就称为色相。色相是色彩最主要的特征，也是区分色彩的主要依据。

2. 明度

对于色调相同的色彩来说，如果光波的反射率、透射率或是辐射光能力不同时，最终的视觉效果也不同，这个变化的量称为明度（Value）。明度是指色彩的明暗程度。

明度（Value）共有三种情况，具体如下。

其一，同一种色相，由于光源强弱的变化会产生明度的不同变化。

其二，同一色相的明度变化，是由同一色相加上不同比例的黑、白、灰而产生的。

其三，在光源色相同情况下，各种不同色相之间明度不同。

在无彩色中，白色明度最高，黑色明度最低，在白色与黑色之间存在一系列的灰色，靠近白色的是明灰色，靠近黑色的是暗灰色。在有彩色系中，最明亮的是黄色，最暗的是紫色。因此，这两种颜色是彩色的色环中划分明、暗的中轴线。

在色彩三要素中，最具有独立性的就是明度。其原因在于，它能只通过黑白灰的关系单独呈现出来。任何一种有彩色，当掺入白色时，明度就会提高；当掺入黑色时，明度会降低；掺入灰色时，即得出相对应的明度色。可见，色相与纯度的显现依赖于明暗。如果色彩有所变化，那么明暗关系也会随之改变。

3. 纯度

纯度又称饱和度，是指反射或透射光线接近光谱色的程度。但凡是有纯度的色彩，必有相应的色相感，某颜色的色相感表现越明显，其纯度值就越高。

纯度（Chroma）属于有彩色范围内的关系，取决于可见光波长的单纯程度。当波长相当混杂时，就是无纯度的白光了。在色彩中，红、橙、黄、绿、青、蓝、紫等基本色相纯度最高，在纯色颜料中加入白色或黑色后饱和度就会降低，黑、白、灰色纯度等于零。

一个纯色加白色后所得的明色，与加黑色后所得的暗色，都称为清色；在一个纯色中，如果同时加入白色和黑色所得到的灰色，称为浊色。二者相比之下，明度上可以一样，但纯度上清色比浊色高。纯度变化的色可通过以下三种方式产生。

其一，三原色互混。

其二，用某一纯色直接加白、黑或灰。

其三，通过补色相混。

需注意一点，即色相的纯度与明度不一定是正比关系，前者高并不意味着后者也高。

（二）色彩的搭配

色彩的搭配，即色彩设计，必须从环境的整体性出发，色彩设计得好，可以起到扬长避短，优化空间的效果，否则会影响整体环境的效果。我们在做色彩设计时，不仅仅要满足视觉上的美观需要，而且还要关注色彩的文化意义和象征意义。从生理、心理、文化、艺术的角度进行多方位、综合性的考虑。

1. 配色方法

配色的方法都是从人类长期以来的经验中获得的。对大自然的感受和观察，对已经建成环境的理解和分析，都是获得配色方法的途径。

（1）汲取自然界中的现成色调，随春、夏、秋、冬四季的变化进行组合搭配，自然界的种种变化都是调和配色的实例，也是最佳范例。

（2）对人工配色实例的理解、分析和记忆，在实践中归纳和总结配色的规律，从而形成自己的配色方法。

2. 纯度调和

（1）同一调和：同色相的颜色，只有明度的变化，给人感觉亲切和熟悉。

（2）类似调和：色相环上相邻颜色的变化统一，给人感觉自然、融洽、舒服，建筑内环境常以此法配色（图 2－2－6）。

（3）中间调和：色相环上接近色的变化统一，给人感觉暧昧。

（4）弱对比调和：补色关系的色彩，明度相差大，但柔和的对比配色，给人以轻松明快的感觉。

（5）对比调和：补色及接近补色的对比色配合，明度相差较大，给人以强烈或强调的感觉，容易形成活泼、艳丽、富于动感的环境。

图 2-2-6　类似调和范例

3. 色相调和

色相调和就是对两种色相以上的颜色进行调和，有二色调和、三色调和、多色调和。

（1）二色调和。以孟赛尔色相环为基准，二色之间的差距可按下列情况来区分：

①同一调和：色相环上一个颜色范围之内的调和。由色彩的明度、纯度的变化进行组合，设计时应考虑形体、排列方式、光泽以及肌理对色彩的影响。

②类似调和：色相环上相近色彩的调和。给人以温和之感，适合大面积统一处理，如能一部分设强烈色彩，另一部分弱些，或一部分明度高，另一部分低的形式处理，则能收到很理想的效果。

③对比调和：色相环上处于相对位置的色彩之间的调和，对经强烈，纯度相互烘托，视觉效果强烈，如一方降低纯度，效果会更理想。如二者为补色，效果更强烈。

综上所述，我们看到，两个色彩的调和其实存在两种倾向，一种是使其对比，形成冲突与不均衡，从而留下较深刻的印象；另一种就是调和，使配色之间有共同之处，从而形成协调和统一的效果。

（2）三色调和。

①同一调和：三色调和同二色调合一致。

②正三角调和：色相环中间隔120°的三个角的颜色配合，是最明快、最安定的调和，这种情况下以一种颜色为主色，其他二色为辅色。

③等边三角形调和：如果三个颜色都同样强烈，极易产生不调和感，这时可将锐角顶点的颜色设为主色，其他二色为辅色。

④不等边三角形调和：又叫任意三角形造色，在设色面积较大的情况下效果突出。

（3）多色调和。四个以上颜色的调和，在色相环上形成四边形，五边形及六边形等。这种选色，决定一个是主色很重要，同时要注意将相邻色的明度关系拉开。

4. 明度调和

明度调和主要包括以下三类。

（1）同一和近似调和。这种调和具有统一性但缺少变化，因而需变化色相和纯度进行调节，多用于需沉静稳定的环境。

（2）中间调和。若纯度、明度都一致会显得无主次和层次，因而适当改变纯度，可取得更好的效果，容易形成自然、明朗的气氛（图2－2－7）。

图2－2－7　通过调整纯度的调和

（3）对比调和。有明快热烈的感觉，但多少有点生硬，可将色相、纯度尽量一致。

5. 配色的修正

配色的过程中往往会感到有些不如意或不理想之处，可以用一些方法来补救。

（1）明度、纯度、色相分别作调整，直至视觉上舒服，或者在面积上做适当调整，一般是深色或重色可以盖住浅色和轻色。

（2）在色与色之间加无彩色和金银线加以区分，或加适当面积的黑、白、灰予以调节。

（3）用重点色，在面积上和形式上占优势，并做适当调和。

三、门窗造型与空间环境

门窗在使用功能上起着联系空间、采光、通风等作用，在视觉和心理上能帮助调节和限定空间的开敞和封闭的程度，在装饰造型上也是整体空间装饰的重要组成部分，是体现室内空间环境风格的重要因素之一。门窗在空间的位置，对室内家具、陈设的摆放和空间面积的有效利用影响很大。特别是居室中除了房门外，还有套间门、阳台门、厨卫间门和橱柜门等。门的位置应考虑相对集中在一边或一角，以便留出完整的墙面，利于家具的布置。窗的设置应考虑有利于室内采光和通风，同时也应考虑立面的完整性，保持其美观。

门、窗有多种分类方法。以材料和造型结构分，门有实木门、镶板门、夹板门、铝合金门、全玻璃门等；窗有木窗、钢窗、塑钢窗、铝合金窗等，分别如图 2－2－8、图 2－2－9 所示。

按开启方式可以把门分为单开门、双开门、推拉门、折叠门、旋转门等；窗可分为单开窗、双开窗、推拉窗、固定窗、百叶窗、立转窗等。

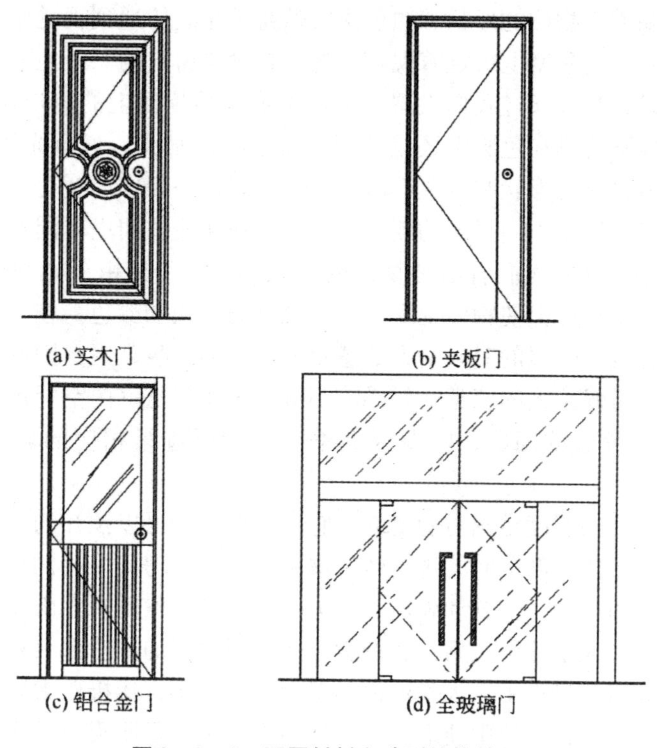

图 2－2－8　不同材料和造型结构的门

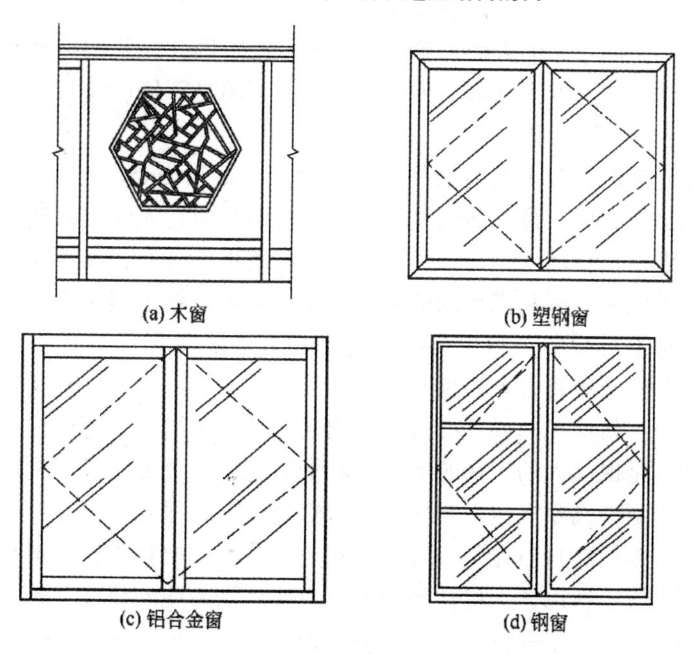

图 2－2－9　不同材料和造型结构的窗

我们知道，物体的形状和颜色主要是通过光线传递到视觉中的，也就是说光线在一定程度上决定着视觉，这也是设置窗户的一个主要原因。传统意义上讲，光线通过我们设置在墙面上或者是顶棚上的窗户进入室内，室内的物体不管是在色彩上还是质感上都会有所加强，通过光线的传输，我们可以将物体的形状和颜色看清楚。而太阳在一天中的变化，也使得空间内部的光线发生不同程度的变化。阳光的强度在房间里不同角度形成均匀扩散，它可以使人们看清楚物体的形状和颜色，但由于光线的不断变化，也能一定程度上使物体变形，失去原有的形状和颜色。在气氛上，一天中，当光线比较强的时候给人的感觉就是明媚温暖，当夕阳西下或阴天光照不强的时候给人的感觉就是昏暗阴沉，这些都是室内空间设计的过程中应该着重考虑的问题，需要根据不同的情况进行相应的调整和补充改进。

因为阳光的明度是相对稳定的，它的方位也是可以预知的，阳光在房间的表面、形体内部空间的视觉效果取决于我们对房间采光的设计——即窗户、天窗的尺寸、位置和朝向。从另一方面讲，我们对太阳光的利用却是有限的，在太阳落山之后，我们就需要运用人工的方法来获得光明，在获得这个光明的过程中，人类做出的努力，要远比直接摄取太阳光付出的代价大得多。从在自然中获取火种，到钻木取火、发明火石和火柴，直到能获得电源，这段历程可谓漫长而曲折，最终，电给人类带来了持久稳定的光明，并使得今天的人类一刻也离不开电源。因此，我们把光环境的构成分作自然采光下的光环境、人工采光状态下的光环境以及二者的结合三部分。

自然光是最适合人类活动的光线，而且人眼对自然光的适应性最好，自然光又是最直接、最方便的光源，因而自然光即日光的摄取成为建筑采光的首要课题。在环境设计中，天然光的利用称作采光，而利用现代的光照明技术手段来达到我们目的的称为照明。室内一般以照明为主，但自然采光也是必不可少的。利用自然光是一种节约能源和保护环境的重要手段，而且自然光更符合人心理和生理的需要，从长远的角度看还可以保障人体的健康。将适当的昼光引进到室内照明，并且能让人透过窗子看到窗外的景物，是保证人的工作效率及身心舒适满意的重要条件。同时，充分利用自然光更能满足人接近自然、与自然交流的心理需要。

另外，多变的自然光又是表现建筑艺术造型、材料质感，渲染室内环境的重要手段。所以，无论从环境的实用性还是美观的角度，都要求设计师充分利用昼光，掌握设计天然光的知识和技巧。早在古代人们学会建造房屋时，他们就掌握了在墙壁和屋顶上开洞利用天然光照明的方法。近现代的著名建筑大师，如弗兰克·劳埃德·赖特（Frank Lioydwrignht）、路易斯·康（Louistsadore Kahn）、埃罗·沙里宁（Eero Saarinen）、贝聿铭、安藤忠雄（Tadao Ando）等人的作品，都充分运用了昼光照明来渲染气氛。

四、人工采光与自然光

（一）人工采光的概念

通过人工方法得到光源，即通过照明达到改善或增加照度提高照明质量的目的，称为人工采光。人工采光可用在任何需要增强改善照明环境的地方，从而达到各种功能上和气氛上的要求。

（二）人工采光要求的适当照度

根据不同时间、地点，不同的活动性质及环境视觉条件，确定照度标准，这些照度标准是长期实践和实验得到的科学数据。

1. 光的分布

主照明面的亮度可能是形成室内气氛的焦点，因而要予以强调和突出。工作面的照明、亮度要符合用眼卫生要求，还要与周围相协调，不能有过大的对比。同时要考虑到主体与背景之间的亮度与色度的比值（图2－2－10）。

图2－2－10　橱窗的光与色

（1）工作对象与周围之间（如书与桌）的比为3：1。

（2）工作对象与离开它的表面之间（如书与地面或墙面）的比为5：1。

（3）照明器具或窗与其附近的比为10：1。

（4）在普通视野内的比为30：1。

2. 光的方向性与扩散性

一般需要表现有明显阴影和光泽要求的物体的照明，应选择有指示性的光源，而为了得到无阴影的照明，则要选择扩散性的光源；如主灯照明。

3. 避免眩光现象

产生眩光的情况很多，比如眼睛长时间处于暗处时，越看亮处越容易感到眩光现象，这种情况多出现在比赛场馆中，改善办法就是加亮观众席。在视线为中心30°角的范围内是一个眩光区。视线离光源越近，眩光越严重。光源面积越大，眩光越显著。如果发生眩光，可采用两种方法降低眩光的程度；其一是使光源位置避开高亮光进入视线的高度，其二是使照明器具与人的距离拉远。再有就是由于地面或墙面等界面采用的是高光泽的装饰材料，即高反射值材料，也容易产生眩光，这时可考虑采用无光泽材料。

4. 光色效果及心理反应

不同的场所对光源的要求有所不同，因而在使用上应针对具体情况进行相应调整和选择，以达到不同功能环境中满意的照明效果。

第三节　家具陈设布置

在任何一个建筑内部或者说任何一个室内设计项目，家具的陈设布置都是极为重要的一项，设计师通过不同的家具陈设和布置，在充分利用空间的同时，将美感也表现出来。

一、材料的组合

优秀的建筑和环境能让我们感受到它们美的形式和色调，随之又体会到它从整体到局部，从局部到局部，又从局部回到整体的统一关系，它们每个部分都彼此呼应，并具备了组成形式美的一切条件。随后我们又进入到建筑的内部，去体验建筑，体验用物质材料构成的界面和围划成的空间，我们将会发现它的美也首先表现在形式上、色彩上，随之表现出材质和功能的内在之美。在这里要着重讨论的是材质及材料应用上的美，而这个美的原则，又被限定在减法原则上，即用尽量少的种类去创造尽量多的美的形式和实用的空间，呈现出彼此呼应、统一的协调关系。物质材料体现着建筑上所有美的要求和规律，它是一切美的载体和媒介，将整体与局部，局部与局部，局部与整体的所有关系都落实在材质的表现上。

20 世纪的建筑，以赖特的流水别墅为例，他所采用的材质除混凝土之外，不过是毛石与木材，加上小部分的木材以及室内陈设中一点点皮革、一点点织物和几件家具而已，却把主人自然、质朴与田园诗般的生活理想表露无遗，建筑与周围的环境，室内与室外环境既统一协调又相互呼应，几十年后的今天仍是有机建筑的代表，教科书中的经典范例。再看看 90 年代的现代建筑，以瑞士建筑师马里奥·博塔（Mario Botta）1995 年完成的法国艾沃希教堂为例，34 米高、38.4 米直径的圆柱形教堂，内外通体采用红砖为主要材料，外部空间的简洁与内部空间的纯粹形成了无比神圣和崇高的境界。材料种类少而又少却使用得精而又精，所有的造型都简洁统一，仿佛整个空间只存在两种材料：红砖与半圆窗上的玻璃，而且内外材质浑然一体，无怪乎人们将该建筑列为 21 世纪欧洲的经典建筑之一。从材料上看，毛石可谓价廉，红砖更为便宜，但它们却不妨碍我们建造经典和杰作，造物主给了我们丰富的材料，更给了我们自由选择的权利。

二、材料的质感与肌理

构成室内的各种要素除了自身的形、色以外，它们所采用材料的质地即它的肌理（或称纹理）与线、形、色一样传递信息。人们与这些材料直接接触，因此使用材料的质地就显得格外重要。材料的质感在视觉和触觉上同时反映出来，因此质感给予人的美感中还包括了快感，比单纯的视觉现象略胜一筹。

（一）质感

质感是由材料肌理及材料色彩等材料性质与人们日常经验相吻合，产生的材质感受。如材料的软与硬、光滑与粗糙、冷与热以及两个对立面之间的中间状态等感觉。

1. 粗糙和光滑

在室内空间设计尤其是家具陈设布置的过程中，要注意材料的质地，做到粗糙与光滑合理利用。出现在生活中的表面粗糙的材料非常丰富，例如树木的表皮、长毛织物、磨砂玻璃以及石头等，而生活中常见的表面光滑的材料也同样非常丰富，如抛光的金属、瓷器的油面、镜子的表面或丝绸等。以上所列举的材料，抚摸上去，给人的感觉完全不一样，例如树木的表皮和长毛织物，虽然都是粗糙的代表物品，但在触感上面却天差地别，树皮给人一种硬的感觉，而织物给人的感觉则是柔软，树皮给人的感觉非常厚重，而织物给人的感觉则相对轻盈许多，在碰触的感觉上，织物的触感也更好。而光滑的代表物同样也会产生这样的感觉，明显的例子就是丝绸和瓷器釉面，它们在触感上面的差别也是非常大的，丝绸给人一种柔软的感觉，而瓷器则给人一种坚硬的感觉。心理层面，丝绸轻盈，瓷器厚重；温度上面，丝绸温暖，瓷器冰冷。

2. 冷与暖

所谓的冷与暖主要是触觉反映出来的，例如玻璃、大理石和金属，虽然它们在室内设计上属于比较高级的室内材料，但在触摸上给人的感觉就相对冰冷；而抱枕、床垫等物质给人的感觉就是温暖柔软的。在表现冷暖的物质当中，木料是相对比较特殊的，与织物或棉花相比，木料属于硬质物体，但与大理石和玻璃相比，木料要软很多，在触觉上木料也有一定的特殊性，它没有大理石和玻璃的冰冷感，也没有床垫等物质的保暖感。这就充分表明在室内设计或家具陈设的过程中，木料也承担着更多的角色，它既可以用来承重，也能起到一定的装饰作用，再加上木料较强的可塑性，经常被用来做成家具（图2－3－1）。

3. 光泽与透明度

许多经过加工的材料具有很好的光泽，如抛光金属、玻璃、磨光花岗石、大理石、搪瓷、釉面砖、瓷砖等，通过镜面般光滑表面的反射，使室内空间感扩大。同时映出光怪陆离的色彩，是丰富活跃室内气氛的好材料。光泽表面易于清洁，保持明亮，具有积极意义，用于厨房、卫生间是十分适宜的（图2－3－2）。

图2－3－1　洛杉矶迪斯尼音乐厅接待厅

图2－3－2　酒店标准客房的卫生间

（二）肌理

肌理是指材料表面因内部组织结构而形成的有序或无序的纹理，其中包含对材料本身经再加工后而形成的图案及纹理。

通过视觉对触觉肌理的一种心理感受就是我们所说的视觉肌理，它属于一种联觉作用。如照片或绘画等，通过触觉经验与联觉，我们可以获得与实际物体表面肌理相同的触觉感受。在室内设计方面，主要是利用视觉肌理来表现的，在造型表现方面也经常利用不同工具和材料去表现不同的肌理和质感。

材料的肌理或纹理，有均匀无线条的、水平的、垂直的、斜纹的、交错的、曲折的等自然纹理。物质的内部构造与组织构成了物质表面的肌理，物质的内在属性与客观性决定了物质肌理的不同形态。物质的组织与结构，经历了从无机到有机、从简单到复杂、从单一细胞到多种复杂的物种变化的过程，这些组织与构造的变化结果也直接地体现在物质表面的肌理上。生物界的肌理是其组织在形态上的直接反映，生物的细胞组织以及基因与遗传造就了肌理的形态。在自然界中，肌理同时又是自然选择和优胜劣汰的结果。植物的肌理也是其生存方式的一种反映，如花和叶子上布满的曲线茎脉是为吸收养料而形成的。地质面貌的肌理是由于气候条件的影响所造成的。如热带雨林因温暖潮湿，土壤与植被丰富，呈现出繁复细密的肌理；而沙漠因气候炎热，土壤稀少，无法储藏水分，呈现出了苍凉的肌理在室内肌理纹样过多或过分突出时也会造成视觉上的混乱，这时应更替匀质材料。

有些材料可以通过人工加工进行编织，如竹、藤、织物，有些材料可以进行不同的组装拼合，形成新的构造质感，使材料的轻、硬、粗、细等得到转化。

三、材料组合的原则

材料的选择和搭配首先要满足功能和安全的需求，然后才能考虑美观的问题。材料的搭配一般要遵循材质的协调、对比、对比与协调共用的原则。

（一）材质的协调

由质感与肌理相似或相近的材料组合在一起形成的环境，容易形成统一完整与安静的印象，大面积使用时，需以丰富的形式来调整，以弥补单调性，小空间可由陈设品调整。常用于公共的休息厅、报告厅、住宅的卧室等。

（二）材质的对比

由质感和肌理相差极大的材料组合运用创造的环境，容易形成活跃、清醒、利落、开朗的环境性格，大小空间皆宜，但要划分好对比的面积的大小关系、对比强度，是现代设计的常用手法。

（三）材质的对比与协调共用

通常设计中，材料用法的对比与协调都是相对而言的。协调通常是一种弱的对比，即相似的东西也含有比较关系，而对比也不是绝对的冲突，它有可能是弱比中、中比强、强比弱、中比中、弱比弱的关系。因而材质的运用是通过设计者及观察者长期的经验和体会来实施和领悟的。

四、人与空间尺度的关系

人体工程学起源于第二次世界大战，最早服务于战争，研究人使用武器的人机关系，后来又发展到整个工业生产中的各个人机关系领域。目前已发展到人与环境关系的各个方面。

从词义上讲，和“人体工程”同义的词包括表达相近意义的“应用人体因素”、“人体因素工程”、“人体因素”、“应用人体工程学”等。

就“人体因素”而言，有生理和心理两个方面内容，第一包含了许多影响人们使用工具，第二包含创造人工环境等方面的因素。例如：视觉、听觉、触觉、温度和湿度明显影响人的行为，人的教育程度、饮食习惯等一些因素也是如此。人体因素是通过无数有效数据（实验所得）来体现的一个范畴。

人体工程学是“人体因素”领域的产物，它对工程师、建筑师、工业设计人员、室内装修设计人员、技术员、艺术家和学生具有很大的实用参考价值。

室内人体工程学研究在室内环境中人的要求条件和构成方法选择之间的关系问题。形象地讲，建筑好像人的外衣，室内则好像人的内衣。内衣是与皮肤接触的东西，是皮肤与外衣之间的东西。外衣的主要任务是为了满足外表的审美要求，而内衣则主要是解决人体的舒适问题。

人们一般情况下往往只看到和重视外观的表面现象，实际上更应重视的是内部和本质。外观只是“形式”，而内部则是“机能”，并且机能是最活跃的变化的积极因素，往往它会对形式产生决定性的影响，因此，设计离开它是不行的，甚至会闹出笑话来。当然，室内也有它自身的形式问题和审美要求问题，但这毕竟与建筑外部不同，它把实用机能始终放在至关重要的位置上。

（一）空间布置的舒适性

布置空间就像在纸上画画一样，力求画面给人的视觉带来美感和心理上的愉悦。要根据使用性质与使用对象创造适宜的空间形象，要切实符合人们的生活规律与生理机能，使占有空间与活动空间形成一定规律的正常的划分比例，从而使空间得到充分的利用，避免造成人为的缺陷与障碍。

（二）尺度选择的合理性

在设计布置空间及家具时一定要先了解人们在活动范围内对尺度的要求。因为人体各种动作部位直接与周围的家具、设备及各种器皿等接触，当人们站立、伸展、抚摸、俯身、坐卧、行走时，已经形成了一定的习惯并具有规范的尺度规律，因此，在确定空间的布置后，必须明确这个空间物体之间的比例尺度以及一定限制的合理标准尺度。

（三）选择尺寸的均衡性

由于人种、地域、性别、职业、年龄上的差别，人体尺寸选择很难有明确的统一标准。因此，在选择设计尺寸时，要充分考虑其共同的普遍规律及大多数人的习惯。比如，我国人体常用活动的尺度与尺寸，北方地区和南方地区的人体尺寸就存在着明显的差异，只有取两者之间的平均值；一般而言，10%的过高与过低的极端数据尺寸仅作为特殊情况考虑，而以90%的中间相对尺寸来求得平衡。请记住，人体尺寸在不同地区不是绝对的，而是相对的，均衡的人体尺寸是室内环境设计的基本依据。我国人体尺寸如图2-3-3所示。

五、家具的配置和选择

在配置和选择家具时首先要确定空间的具体使用功能和性质，再从家具的尺度、造型、风格、色彩、质地及工艺等方面综合考虑并选择。选择家具需切记的一点是，要着眼于整体空间环境的需要，把家具当作整体空间环境的一部分，千万不能失之偏颇，否则会使空间有不伦不类之感。一般应从以下三个方面加以考虑。

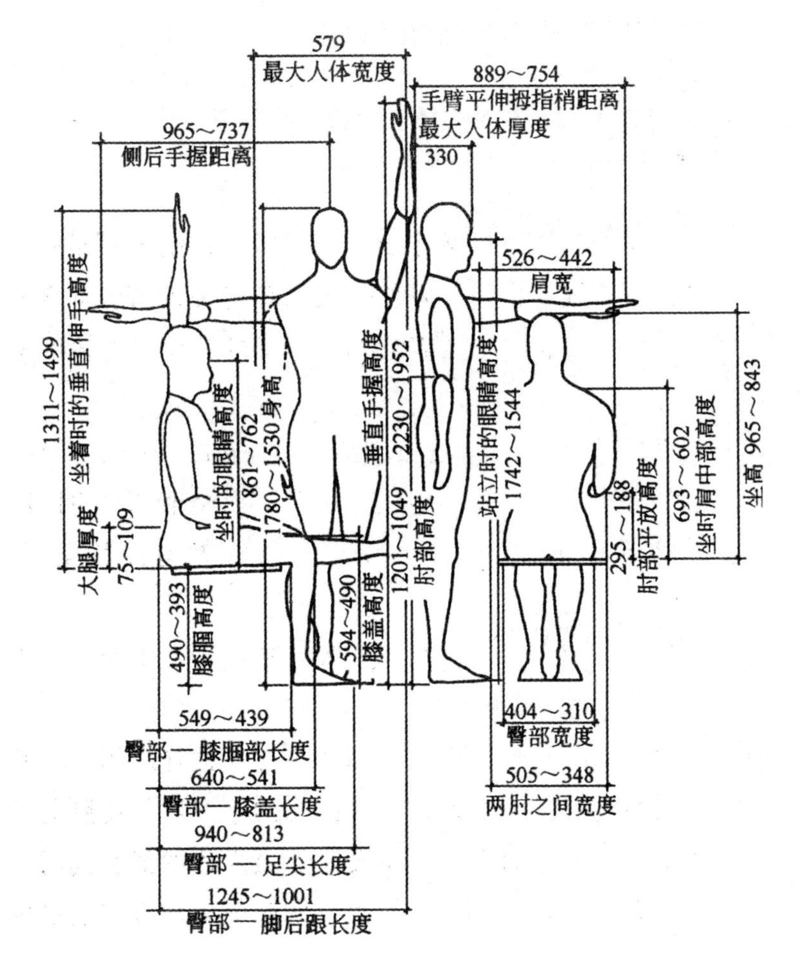

图 2－3－3　我国人体尺寸（单位：mm）

（一）家具的风格与款式

家具的风格表现在家具的造型、表面装饰、质地、色彩、尺度、比例等方面，家具的不同风格让人们有了更多的选择和搭配。选择家具既要追求与整体空间的风格特征相统一，又要考虑主人的情趣和爱好，两者应相辅相成，互相协调，使空间不失其整体美感。

（二）家具的种类与数量

家具的种类和数量是由室内空间的风格和面积、体积大小来确定的。盲目追求款式和件数都会使空间变得拥挤、杂乱和不伦不类，反而给人累赘感。目前我国人均住房面积虽然有所改善，但住房的标准还是偏低，一般大一点的居室不过15 m^2左右，小一点的只有几平方米。在这样的居室中配以过大体积的家具，甚至选择较为花哨的装饰，会使空间变得很拥挤，使人失去回旋的余地，这是很不可取的。

（三）家具的安全性考虑

家具的选择还有安全性的问题。家具经常与人接近。人在室内活动中与它接触机会最多，可以说衣、食、住、行一刻也离不开它。因此要求人对家具有亲切感，这种感觉是从两方面形成的：一方面是家具造型的作用，一般来说曲线型的家具易产生轻快、平易和舒适的感觉，而直线则有相反的效果；另一方面是家具的线角处理应注意圆润、光滑，尤其是老年人和儿童用房的家具就更应当考虑这点了。要考虑家具的牢固性，主要是要求家具的结构和受力系统要合理，节点的设计和施工要精细、坚固。

六、厨房空间布置

厨房应有足够的面积，较合理地布置厨房设备和贮藏必要物品，并有足够的烹调操作空间。设备布置尺度符合人体工程学，烹调路线要简捷。厨房常用人体尺度与活动范围如图2－3－4所示。厨房操作台的长度如表2－3－1所示。

表2－3－1　厨房操作台的长度

厨房设备及相应操作台	住宅内的卧室数量（间）				
	0	1	2	3	4
工作区域	最小正面尺度（cm）				
清洗池	450	600	600	810	810
两边的操作台	380	450	530	600	760
燃气灶	530	530	600	760	760
一边的操作台	380	450	530	600	
冰箱	760	760			
一边的操作台	380	380	530	380	450
调理操作台	530	760			

注：三个重要工作区域之间的总距离最大为6．71m，最小为3．66m。

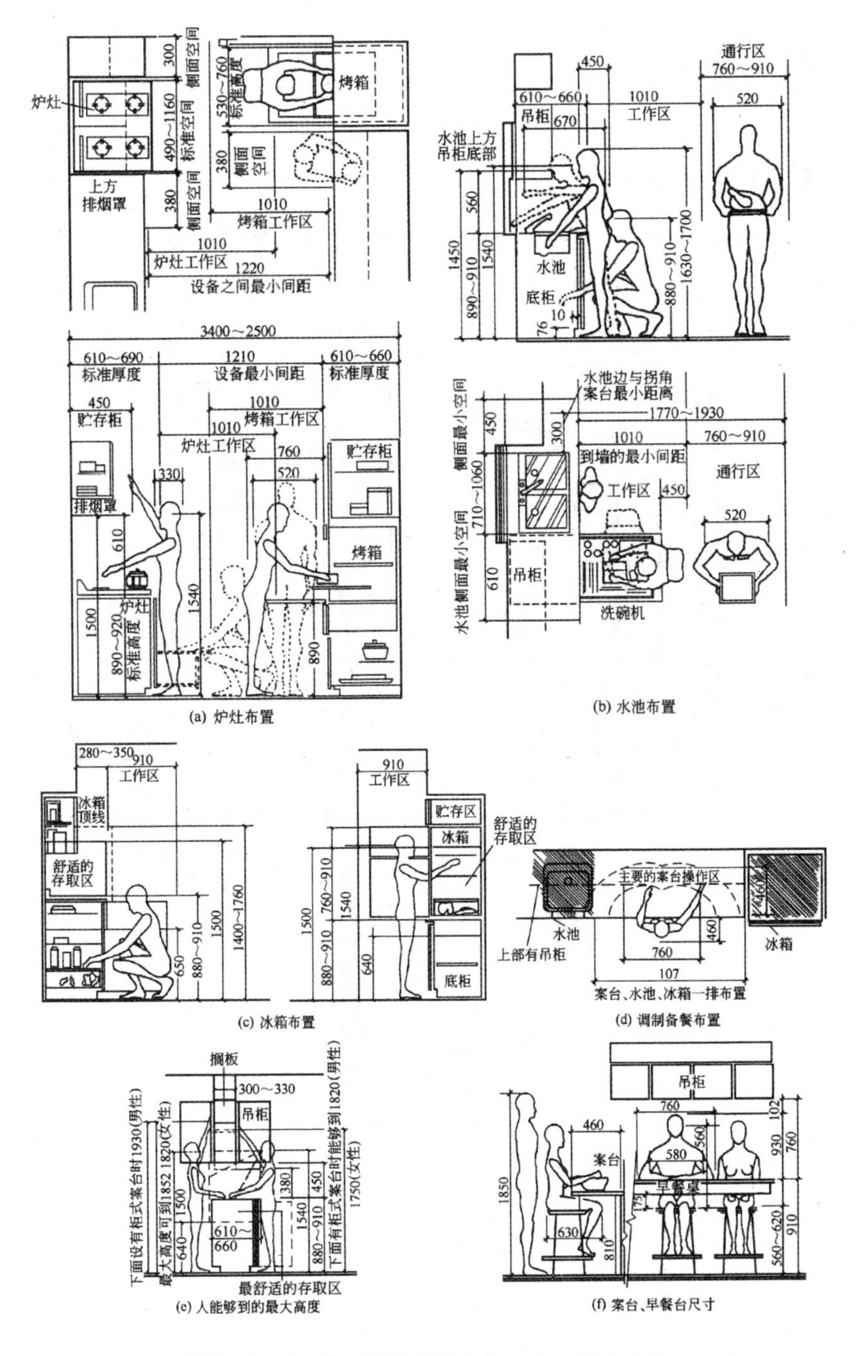

图 2－3－4　住宅厨房常用人体尺度与活动范围

七、卫生间布置

（一）布置要点

由于空间较有限，尽量考虑设置足够的橱柜等贮藏空间，并注意采光与通风。装饰材料选择除了易于清洁和防水，还应注重安全性，如地砖防滑等。卫生间常用人体尺度如图 2－3－5 所示。

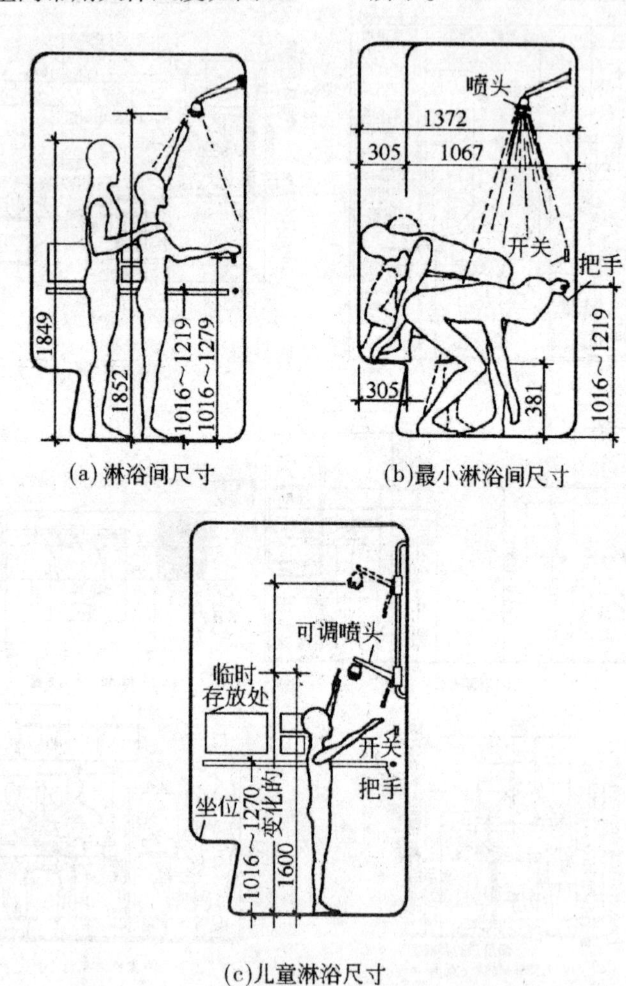

图 2－3－5　卫生间常用人体尺度（单位：mm）

（二）卫生间平面布置

卫生间平面布置如图2－3－6至图2－3－8所示。

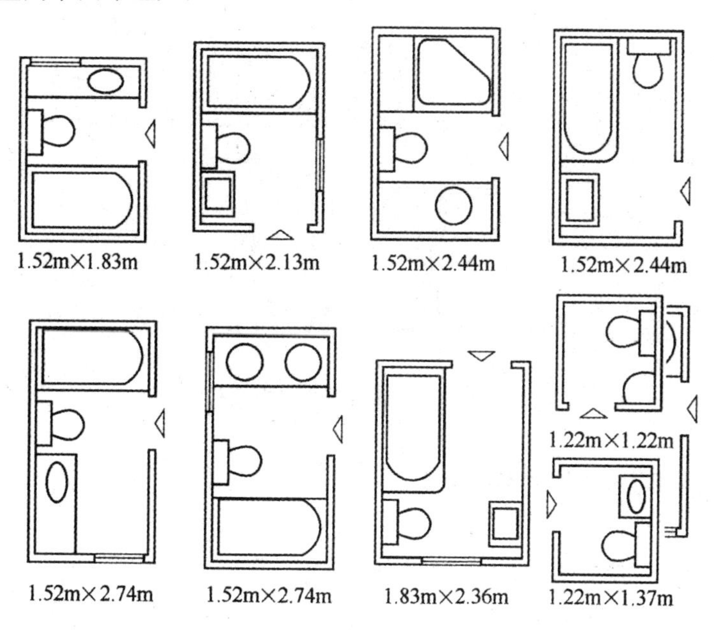

图2－3－6　小型卫生间平面布置

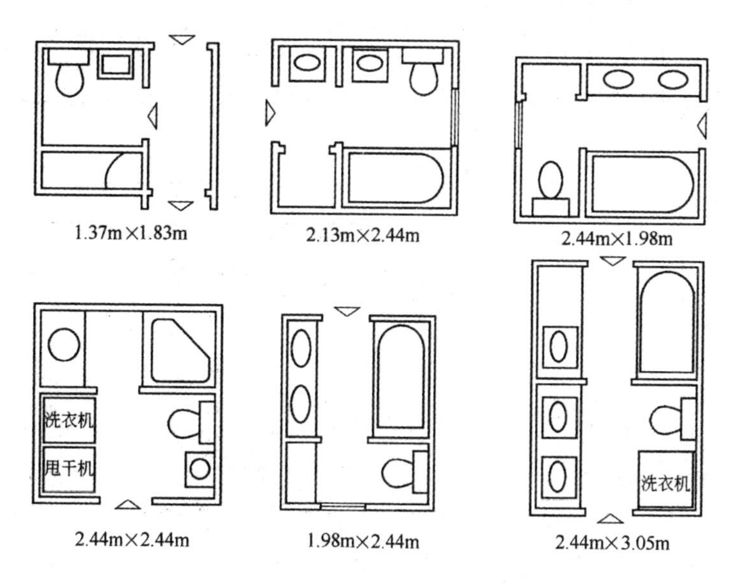

图2－3－7　家用中型卫生间平面布置

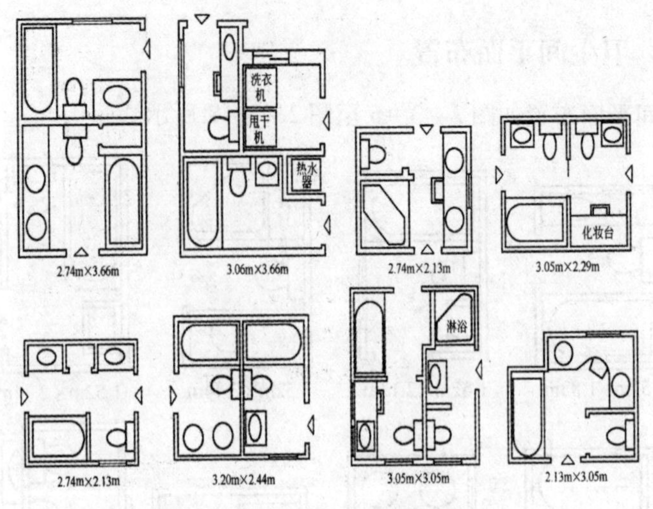

图 2-3-8　大型卫生间平面布置

八、照明的布局方式

照明的布局方式有四种，即一般照明（普遍照明）、重点照明（局部照明）、装饰照明和混合照明。

（一）一般照明（普遍照明）

这里所说的照明是常规意义上的照明，也是人们对光的基本需求，因此，我们也可以将其称为是整体照明，它的特点就是全面、均匀，能适应眼睛对光的需要。这种照明通常用在公众场合，例如，学校、机场、会议厅等地方。

但我们要理清一个概念就是，一般照明虽然是视觉的普通需求，但是光源并不是绝对的平均分配，在大多数情况下，一般照明作为整体处理，需要强调突出的地方再加以局部照明。

（二）重点照明（局部照明）

重点照明主要是指对某些需要突出的区域和对象进行重点投光，使这些区域的光照度大于其他区域，起到使其醒目的作用。如商场的货架、商品橱窗等，配以重点投光，以强调商品、模特儿等。除此之外，还有室内的某些重要区域或物体都需要做重点照明处理，如室内的雕塑、绘画等陈设品以及酒吧的吧台，等等。重点照明在多数情况下是与基础照明结合运用的。

（三）装饰照明

这种照明与前面几种照明方式的一个本质的区别但就是必要性，它的主要作用就是装饰。通过这种照明处理，空间的层次感和变化得以加强和丰富。

通常这种照明方式都是为了营造某种气氛或氛围。经常会用吊灯、壁灯、挂灯等一些装饰性、造型感比较强的系列灯具，来加强渲染空间气氛，以更好地表现具有强烈个性的空间。装饰照明是只以装饰为主要目的的独立照明，一般不担任基础照明和重点照明的任务。

（四）混合照明

所谓的混合照明是有由以上三种照明共同组成。它是在一般照明的基础上，将重点照明或装饰性照明提供到需要特殊照明的地方。采用这种照明方式的地点通常为商店、办公楼、酒店等中大型场所。

第四节　绿化设计

绿色意味着生命与生机，任何一个空间里如果没有那一抹绿色就会显得冷漠或苍凉，从而无法让人产生亲近感就会敬而远之。而室内空间设计中的绿化设计就是在冰冷的材料配置当中将生命注入其中。

一、绿色植物与空间

绿色植物不仅起到美化和点缀空间的作用，而且在空间的过渡、围合和限定等方面也起到了重要的作用。植物与建筑构件不同，是一种有生命的要素，因此在空间的塑造中往往会取得其他元素不可替代的效果。

（一）室内外空间的过渡与延伸

由于人的视线或目光具有一定程度的延展性，视线会随着空间中事物的不断而延续。而当室外植物延伸至室内的时候，室内的景色和室外的植物就产生了一种连接，也就是一种视线的过渡，人们的视线就会很自然地追随绿植，进而延伸到室外，形成一种交融效果。还有一种人为制造的效果，也能达到内外交融的视觉效果，就是将绿色植物吊挂在门廊、墙面或顶棚上。

此外，合理使用玻璃也是一种不错的手段，人们可以利用玻璃的通透性，利用室外绿植使视线得以延伸，这种手法也可以称为是借景。还有一种设计方式就是直接利用外面的植物，使其直接深入到建筑的空间里面，利用渗透或相互参与的形式，完成景观的相互融合，最终达到室内空间延展的目的。

（二）参与空间的限定与围合

利用绿色植物来分隔调整空间，自然得体，又不破坏空间的完整性和开敞性。植物与家具等结合形成隔断性的陈设品，如我国传统的百宝格，内部陈放形态各异的兰花做陈设，既分隔了空间，绿化了环境，又充分体现了环境的高洁与清雅，文人气息一览无余。

（三）柔化空间环境

现代建筑不仅大多由直线形和板块形构件围合而成，还有容量巨大的空间，使人感到既生硬又陌生，并产生一种极强的距离感——“这里不是我的世界”这种念头会油然升起，这就是冷漠建筑令人产生的茫然与恐惧。因而，这时绿色植物的引入会因那些柔美妖娆的曲线和生动的绿色影子，使人对建筑物产生亲切感，空间的尺度也会因此而趋于宜人和亲切。因为植物的高度与人的高度对比不大，使人的视觉在尺度感上不至于失衡。此外，用植物作背景来突出商品或展品及家具，更能突出主题，引人入胜。还可以用植物作点缀来填充剩余空间，使空间更加充实，丰富，充满生机，情趣宜人。

二、室内植物的观赏特征

植物的观赏性通常是指植物的某一器官或器官的某一部位特有的能让人们欣赏或品玩的特性。植物的欣赏价值会有不同，可以分为株形、叶形、花、果的观赏价值和香味欣赏价值。

（一）形态

植物的整体形态取决于外轮廓，主要受主干和枝、叶、花、果的生长形态影响，常见的形状有圆形、塔形、柱形、棕榈形、垂枝形等，多株植物的形态则取决于不同的组合方式。虽然有时为创造某些特殊视觉效果而将其剪成几何形，但多数空间还是重视植物参差的自然形态的应用，其多变的轮廓，容易与周围的环境的直线，几何性要素形成对比效果。

（二）色彩

在绿化设计的过程当中，还有一点需要考虑的就是色彩搭配，由于植物的叶、花、果会产生不同的颜色变化。首先叶片本身就有不同程度的绿色，有些绿植还会因季节气候的变化呈现出黄色、红色等其他色彩，给室内带来不同的视觉享受。此外，为了缓解人们对叶片绿色的视觉疲劳，弥补花期色彩的单调，还可以选择一些以观叶为主的，叶片为其他颜色的绿植。还有不同花色的搭配，这对于室内绿化设计来说也十分非常重要的。此外，果实也是绿植搭配中的一个重点，果实的出现不仅在颜色上是一种补充，也会在心境上让观赏更加满足。但要注意的一点就是，要尽量选择花期和结果期相对较长的植物。

（三）尺度

植物的种类有多种，其尺寸相差很大，既有参天大树，也有以厘米或毫米计的青苔或草坪。室内绿化设计就要考虑到空间的高度、人与绿植的比例关系以及想要设计的风格等方方面面的因素。总体来说，在选择植物上要有一定的高度限制，如果是单层的室内空间，绿植的高度不应超过空间高度的三分之二，如果是中庭则另当别论。

除此之外，还有另外一个需要考虑的因素，就是周围空间的家具陈设，它们的尺寸和比例关系对于室内绿化设计也有一定程度的影响。适当的室内绿化设计以及适当的绿植比例和摆放不仅可以对空间进行一定程度的改变，也可以对室内悬殊的对比关系起到一定的缓解作用，这就是视觉参照物的作用，也就是将绿植作为过渡层次。

（四）气味

植物特殊的香味对小空间有特别意义，可以创造温馨、淡雅气氛，使人心情舒畅，如米兰、夜来香、茉莉。同时使用中也应避免选择有异味的植物。

三、室内绿化的设计原则

室内空间设计中的绿化设计，首先要考虑的因素就是空间的位置，在绿化设计的形式当中，最常用的两个形式就是垂直和水平。所谓的垂直绿化就是沿墙柱或空中等垂直面以垂直的方式安排绿植的一种设计方式，而水平绿化指的是在一些水平方向上例如地面或楼层面以及一些倾斜面上所

进行的绿化设计方式。通常在绿化设计中，人们不会只运用单一的设计形式，而是两种形式结合运用，

（一）孤植

这种方式通俗一点讲就是“一枝独秀”，通常是以点的形式，单独摆放一个盆栽。绿化设计中的这种方式通常通过一些特定的植物来实现。例如盆景中的黄杨、榆、松，植物中的兰花、梅花以及桃树等，当代植物的代表为苏铁、棕竹、绿萝等，它们都是这种设计方式中的典型植物。这种方式在绿化设计当中相对更加灵活，因其色彩、形态鲜明而优美，尤其适合室内近距离欣赏。但在设计和摆放的过程中要注意与背景和光线的关系，只有光线充足才能将植物的形态和色彩以及与周围的环境相得益彰。

在绿化设计的过程当中，通常在空间的转折处使用过这种方式。如果绿植的体型相对较大，那么它的位置就要相对固定，为保证人们能观察到绿植的整体效果，要与过往的人流有一定的距离，比较常见的位置有墙面和柱子等空间的转折处。如果绿植是中等体型，通常与室内的家具或陈设搭配摆设，与人的视线持平或略低；如果是小型绿植，则通常要放到家具、窗台或隔板上面的某个位置，与之相映成趣，并能全方位欣赏。

（二）对植

也就是在观赏者的视觉集中点对称或成列摆放单株或族群绿植，从而使格局对称稳定，这种摆放形式通常放在入口处或楼梯的两侧或者是环境的视觉中心两侧，主要是对对称的一种强调。

（三）群植

一种是同种花木群植。形成完整统一的大面积大手笔的印象，此做法可以突出花木的特征。突出景观特点。达到重点强调，中心突出的目的。另一种是多种花木混合群植。它可以配合其他景观，模仿自然形态，通过疏密的搭配，错落有致的格局，以形成一种层次丰富、优雅宜人的景致，属于天然情趣的园景。此种配置中，花木可以是固定种植的，也可以是能移动和变换位置的。一般固定种植会在多个建筑施工后预留的花池、花坛、花架之处来种植，一经种下常年保留。

此外，有些攀缘植物如藤、萝，下垂、吊挂植物如吊兰、南天竹等，需依附一定的构架条件。同样可以孤植、群植、混合种植，而且往往孤植的藤类植物会一藤长久，遮天蔽日，把一片面积都发展成它的领土，变成具有群植效果的栽培。植物在空间中的位置只有两种形式，即水平配置和

垂直配置。且这两种配置可以形成我们环境所要求的各种形态和要素，植物的表现力极其丰富，并能形成我们所要求的以点、线、面、体的形式参与空间的构成和分割。

四、室内庭园的类型和组织

室内庭园可以说是室内设计的进阶阶段，它更大程度地改善了室内的环境。一定程度上讲，一栋建筑在设计之初就要根据需要和规模标准考虑好室内的绿化设计，并对绿化的性质和位置有一定的考虑。依据条件的不同，室内庭园可以分为不同的种类，具体分类如下。

（一）按采光条件分

采光分为天然采光和人工照明两类。自然光是最适合人类活动的光线，而且人眼对自然光的适应性最好，自然光又是最直接、最方便的光源。在环境设计中，天然光的利用称作采光，而利用现代的光照明技术手段来达到我们目的的称为照明。室内一般以照明为主，但自然采光也是必不可少的。

1. 自然采光

洞口的位置将影响到光线进入室内的方式和照亮形体及其表面的方式。洞口的朝向一般设在一天中某些能接受直接光线的方向上，直射光可以接受充足的光线；但是直射光也容易引起眩光、局部过热。要解决这些问题，我们就要因势利导，调整洞口的位置或者采用其他手段，充分发挥直射光的长处来弥补它的不足。大致可分为以下三点，具体如下。

（1）顶部采光。

（2）侧面采光。

（3）顶、侧双面采光。

由于植物生长对温度的需求是一定的，过高或过低都会对植物的生长造成不同程度的影响，植物生长不良，自然就会对景观的欣赏造成影响。因此，在进行绿化设计的过程中，要选好景观设计的位置，避免温度过高或过低，还要尽量选择通风透气良好的位置。

2. 人工照明

人工照明的庭园中的绿色植物一般采用盆栽的方式，而且需要定期更换。

（二）按所处位置分

庭园与所属建筑在空间和位置上有不同的组合方式，有的庭园在建筑的中央，有的在建筑的侧面。庭园的开放程度也不同，有的全封闭，有的尽可能开放。

1. 根据庭院与建筑的组合关系

根据与建筑的组合关系分，庭园可以分为中心式庭园和专为某厅、室设置的庭园。中心式庭园为整个建筑服务，规模较大，是公共活动场所。专为某厅室服务的庭园一般规模较小，相对较为私密。

（1）中心式庭院。中心式庭园规模较大，一面或几面开敞，强调与周围空间的渗透与交融，通过借景、透曩的方式为周围厅室，甚至为整体建筑服务多作为建筑空闻的核心，高潮来处理。

（2）专为某厅室服务的庭院。很多在空间上占地比较大的厅室，为了满足视觉上的需要，经常会在厅室的一些部位建立一个小型庭园，它的位置相对比较随意，主要是根据厅室的其他布置或路线以及景观需求进行相关的具体设计。这个小型庭园的位置既可以在厅室的中央，也可以在厅室的一侧，甚至是在厅室的一隅。通常情况下，人们不会对小型庭园设计较大规模，经常利用的位置就是建筑的死角或一隅，这种规模同中国传统庭园中小庭园或小天井类似。它们的规模要根据建筑的具体空间或需求而有所变化，甚至设置在各厅室之间的夹缝中。通常情况下，这种小型庭园除了要有一定的绿植配置外，还要能容纳一两人的简短休息，给人的身心带来放松，这样的设计自然就会别具一格，令人赏心悦目。

专为某厅室服务的庭院既可以与室内空间直接相通，也可以使用玻璃等通透材料加以分隔，甚至可以通过借景于室外庭院的方式满足要求。根据不同建筑的格局，可以将庭院分为前庭、中庭、后庭和侧庭。再加上植物对阳光和方向的特殊需求，可以将庭院的位置设计在建筑的北部方位。

2. 根据庭院与地面的关系

根据庭院与地面的关系，庭院分为落地式庭院和空中庭院。现代技术的发展使在空中营造庭院成为家常便饭，人们可以根据需要在建筑任意楼层设置庭园。

（1）落地式庭院（或称露地庭院）庭园位于建筑的底层，便于栽植大型乔木、灌木，以及设置山石、水体，一般常位于底层和门厅，与交通枢纽相结合。

(2) 空中花园（或称屋顶式庭院）出现在多层、高层建筑中，结合建筑的楼板、栏杆等构件在高度方向设置的多层室内庭院，地面为楼面。

随着越来越多的高楼出现，屋顶式庭院也越来越多地出现，这主要是因为生活中高处的住户想要拥有与地面住户一样的视觉体验，也想要有一种生活在大自然中的感受，因此，屋顶式庭院也成为未来绿化设计的一个发展趋势。虽然与地面的绿化设计相比，空中花园在建筑结构、给排水以及土壤等方面会有一定的难度，但随着现代科技的发展，这些问题都会迎刃而解。

（三）从造景形式上分

从造景形式上无非两种主要倾向：一是自然移景式庭院，二是人工造景庭院。现代室内造景多趋向于两者结合。

1. 自然移景式庭院

自然移景式的庭院设计一个最大的特点就是对自然界的山水或景象进行模仿或概括，形成一种大自然的氛围，给人一种返璞归真之感。这种造景形式在修建过程当中要尽可能减少人工的痕迹，将大千世界和天下美景通过艺术加工移入室内。

2. 人工造景庭院

如果一个庭院采取了人工造景，通常情况下会采用几何图形的平面形状，这可以说是人工造景的基本特点。这种造型的优点很多，容易与建筑造型协调统一，强调自然景物的人工化特点，淡化其自然特征，根据具体情况，往往有对称的轴线，植物也修剪整齐，成行排列，给人一种有规则的美的享受。

第三章 室内空间设计典型案例赏析

为了进一步加深人们对于室内空间设计的理解，本章主要从实践的角度，对室内私密活动空间设计、室内交通空间设计以及室内公共活动空间设计的案例进行研究。

第一节 室内私密活动空间设计案例赏析

为了能够更好地把握室内私密活动空间设计的原理及注意事项，本节将以襄阳南湖宾馆的室内设计为例，从实践的角度出发分析室内设计。同时也为今后设计师的设计工作提供理论与实践支撑。

南湖宾馆位于湖北省襄阳市，依山傍水、环境优雅。它是襄阳市目前规模最大、环境最美的园林庭院式宾馆之一。该宾馆凭借优越的地理位置和美丽的自然环境一直享有盛誉。但是随着襄阳市经济的迅速发展，新的高档酒店不断增加，南湖宾馆面临的市场竞争压力越来越大，改造工程迫在眉睫。项目分阶段设计、改造，其中的2、3、4号楼，要求彻底抹去历次装修档次差异的痕迹，增加文化氛围，提升酒店品位，达到四星级酒店标准。

主要设计目标和解决方案：源其宗，承其脉，取其形，立其义。

贵因顺势——对空间的物理性及功能性的调适意识。

体宜因借——合理地借取环境意向。

因势利导——创造有机的室内空间形象。

因物巧施——依形就势，扬长避短，人工调节，点石为金。

一、2号楼设计

2号楼此次全面改造，需配合适应四星级酒店标准的要求进行合理的功能调配。在整体规划区域功能定位时，既要使之紧密联系，又相对独立，互不干扰，并在此基础上尽量寻求一种既可以获取星级评定分数，又可减低造价的最佳方案。

在空间关系的整合方面，旧有的建筑空间存在诸多弊端，在设计过程中要注意将不利因素转化为有利因素。例如 1 楼存在房间易受潮发霉，产生异味的问题，设计者在楼梯间设置前厅，将客房走廊与外环境隔离形成相对的封闭空间，有利于抽湿去潮，更有利于整合空间关系，使空间层次更加分明，同时还能节约能源。另外，灵活运用各种艺术隔屏、叠级造型、灯光变化来减弱层高落差给人带来的视觉不适应感。

在整体环境定位上，吸纳现代西方的设计理念，并融入传统室内围合构成手段，采取红檀木板面、白色天花板和实木或铸铁镂空花格的对比应用，传达楚地文化的韵味。通过深与浅、虚与实、明与暗的组合来体现传统精神、民族风格和现代感的和谐融合。设计者在设计中十分谨慎地避免豪华与文化品位所产生的冲突，充分体现星级酒店特有的贵气和传统儒雅的风范。值得一提的是在改造设计中，设计者始终把握住现有园林庭院格调，空间设计中大量采用实木或者铸铁镂空花格，丰富园林景观效果。大红烤漆铸铁特效、镂空黄铜艺术雕刻等，其新颖的手法、大胆的用色，营造出浓重的文化氛围，让客人一踏入酒店就被深深吸引。

在酒店灯光设计中，设计者采用了多角度、多层次的立体照明手法：包括项部的直接照明，柱面照明，沿壁洗墙灯多类反射灯槽相结合的间接照明，还有地面各类陈设灯饰的照明，通过光源的强弱对比、冷暖对比，不仅能丰富空间层次，而且能够渲染所要强化的主题。

2 号楼因地制宜，合理地借取环境意向引入室外的自然景色，树立绿色环境意识，寻求“天人合一”，情与景的交融乃至于物我两忘的境界，创造儒雅的酒店空间是设计者在酒店设计创意进程中努力追求的目标。以下就 2 号楼不同功能区域空间做简要说明。

（一）大厅

大厅面积约 50m^2，主要是供客人短暂休息、停留的区域。功能相对简单，但是所处位置非常重要，是客人进入 2 号楼首先要面对的区域。在设计中，采用简约手法，大胆运用色彩的对比、特殊装饰元素，体现特殊的地域文化底蕴。大红铸铁镂空纹样、黄铜艺术镂空雕刻，很好地诠释了楚地文化。中式简约组合沙发、展台、案几及艺术仿古陶瓷、古董摆饰品、字画，均在丰富空间文化内涵、提升文化品质。大厅地面、墙体，均以石材装修，为意大利灰岩、浅咖网纹大理石及法国木纹石的结合。

（二）会议室

会议室改造仍延续大厅风格，以简约手法处理，注重灯光结合造型，使空间生动富有节奏，巧妙利用铸铁镂空花格丰富柱体、墙面以及门等部位，产生特有的韵律美感。主墙强调造型处理，通过字画、古董的陈列，丰富空间文化内涵，使该空间具有独特的艺术氛围效果。会议室地面采用进口复合地板、浅灰网纹大理石处理，墙面以米色乳胶漆、红檀木饰面相结合处理。

（三）餐饮包房

豪华大包房通过扩建，增大面积，使空间更舒适，可以满足 20 人同桌进餐。设计中，为了充分营造良好的就餐氛围，在东北方向均采用玻璃幕墙，很好地将室外自然景观引入室内，达到情景交融的美好境界。主墙采取对轴处理，设置两台等离子电视机，视觉中心部位为大幅中国山水画。四面墙体均有艺术陈列展台，展现楚地文化的博大精深。包房中的家具以简约中式为主，采取定制方式。包房的地面采用进口复合地板和浅灰网纹大理石处理，墙面以米色乳胶漆、红檀木饰面相结合处理。

小包房为新建空间，满足 10 人左右就餐需要。房间面积为 $30m^2$ 左右，对轴布局，主墙以艺术漆画为主，结合铸铁镂空花格底衬茶镜造型，南面墙采用玻璃幕墙，很好地将室外古城墙借景室内，使空间地域文化内涵更加鲜明。包房中的家具以简约中式为主，采取定制方式。

（四）客房

客房设计营造格调高雅的清新氛围。运用明快的现代设计手法，改变房间原有弊端，地面采用复合地板，结合浅灰网纹大理石，改变过去厚地毯地面容易受潮霉变的现象。洗手间扩大进深，面积达到四星级“星评标准”要求，采用透明落地玻璃，达到间接采光效果，也使空间层次更加丰富。洗手间包括洗脸盆、恭桶、浴缸、淋浴房四大件，设施齐全。内抽风排气采用暗灯槽内侧竖向处理，使天花板整体效果更佳。

房间中酒柜、衣柜在满足其功能的前提下，以陈列艺术品为主，提升其文化内涵。客房家具均以定做为主，木材的颜色、细部的处理以及织物的选择极具特色，注重家具品质，墙面以米色乳胶漆饰面，改变以前墙面受潮脱落的现象。薄纱窗帘前面设有低电压照明灯，形成迷人的光影效果，提升了房间的照明品位，使整个空间氛围温馨和谐。

（五）主席套房

主席套房是一套中式套房，风格趋于温馨、家常和实用，避免一般想象中的奢华铺张。其设计理念综合了中国传统的艺术装潢风格和20世纪受西方文化影响而形成的Art Deco装饰主义以及拥抱新世纪的摩登艺术。套房的整体布局相当合理紧凑。其背景墙、窗户、台灯的造型及款式营造了一个中式的客厅。室内以台灯为主光源，四周在造型大气的吊项上均匀布置着射灯及漫射出的光带，共同散射出橘黄色的光线，与地面的色彩浑然一体，使大环境隐隐透出古典的气息。绛红色为主的色系演绎出古典和雅致。厚实的中式沙发在方方正正的客厅静候客人，所有的家具装饰都流露出传统的韵味：茶几、流苏、瓷质台灯、锦缎靠垫……不经意间恰似在漫漫的历史长河中与古代经典邂逅。

从客厅的一侧来到餐厅区域，这里的中式风格比客厅更加浓郁，中式风格的餐椅围绕着豪华大气的原木餐桌，自然将空间的主题表露无遗。圆形的吊灯与餐桌相呼应，墙上的书法作品在灯光的辉映下丰富了餐厅的素颜。

书房的空间和卧室相连接，相对独立，这里风格朴实、典雅，体现了传统意义上“书斋”的氛围。书房中的一桌一椅一柜，天花板和窗户，都体现了书房品味的装饰重点。书房的陈设呈现出一种尊贵、朴素的质感。红木家具和大量古玩瓷器体现出空间的儒雅和包容性，呈现出一派开敞、大方的氛围。

主卧是小客厅与卧室相通的小套间，显得简洁，体现一种窗明几净带有东方精致细腻的宁静氛围，纯然素净的墙面与华贵的米色地毯，看似对比强烈，但是在家具和灯光下，却又忠实地呈现出另一番和谐的现代中式古典。

卫生间包括浴缸、淋浴房和桑拿室，浴缸旁边就是落地窗，可以想象黄昏时分，沐浴在温暖的清波中，欣赏西天落日，彩霞满天，品一口清凉的薄荷酒，是怎样的悠然自得。

夫人卧房与主席卧房通过化妆间连接，同样凸显质朴的人文气息，每个角落，每样装饰，无不散发着古朴风雅的传统韵味，同时让人感受到舒适娴静的家庭气息。

设计师认为，提倡地域文化和强调设计的个性是必要的，尤其在我国经济并不富裕的现况下，提倡经济型设计，应该是设计师的职责，虽然南湖宾馆改造设计是四星级的标准，需要高档次，需要豪华，但是并不意味着奢侈。设计师所要强调的是贵气，是文化，这一点非常重要，这也是这份答卷的核心理念。

2 号楼的设计方案与竣工效果如图 3 - 1 - 1 至图 3 - 1 - 10 所示。

图 3 - 1 - 1　2 号楼大厅

图 3 - 1 - 2　2 号楼公共庭园走廊

图 3 - 1 - 3　2 号楼入口门厅

图 3 - 1 - 4　2 号楼 1 楼会议室

图 3 - 1 - 5　2 号楼餐厅豪华包房（一）

图 3 - 1 - 6　2 号楼餐厅豪华包房（二）

图 3－1－7 2 号楼餐厅豪华包房（三）

图 3－1－8 2 号楼套房会客厅

图 3－1－9 2 号楼套房卧室

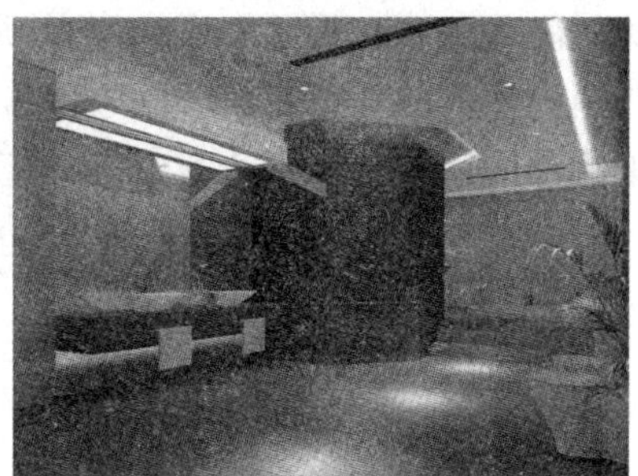

图 3－1－10 2 号楼套房卫生间

二、3 号楼设计

襄阳是一个历史文化古城，历史遗址甚多，文化底蕴深厚。3 号楼设计从中提炼出部分元素，去繁从简，以清洁、现代的手法隐含复杂精巧的结构，在简约明快干净的建筑空间里放置精美绝伦的家具、灯具和艺术陈设，让该宾馆展现出特有的文化风韵。

（一）大厅

大厅以简约中式风格为基调，突出民族特点，并结合具有时代特征的设计理念，以豪华的建筑配置、合理的空间分配，塑造出端庄大方、华丽雍容的空间美感。大厅中陈设传统镂空纹样屏风，配有襄阳地域特色摆件饰品。

沙发区米色澳毛长绒手工地毯，考究的明清手工家具，点缀着精致华贵的玲珑摆件，塑造出雍容宏大的空间气氛。

（二）客房标准间

格调高雅的清新氛围和明快现代的设计手法，是对客房设计的最好诠释。木材的颜色、细部的处理以及织物的选择，都极具现代感，薄纱窗帘前面设有低电压照明灯，形成了迷人的光影效果，提升了房间的照明品位。整个空间氛围融洽和谐，温馨而自然。

（三）餐厅豪华包房

餐厅豪华包房运用现代表现手法，将传统的中国神韵重新演绎，与室外美景融为一体，餐厅内桌椅参照明代家具的设计，使用桃木芯木制作，最为引人注目的是点缀其间的陶瓷古器收藏。弹指一挥间的古今交错，光阴如流动的镜头，最终让人定格在充满传奇色彩的氛围中。

3 号楼的设计方案与竣工效果如图 3 –1 –11 至图 3 –1 –20 所示。

图 3 –1 –11　3 号楼大厅

图 3 –1 –12　3 号楼过厅

图 3 –1 –13　3 号楼标准间

图 3 –1 –14　3 号楼套房

图3－1－15　3号楼餐厅大包房（一）

图3－1－16　3号楼餐厅大包房（二）

图3－1－17　3号楼套房卧室

图3－1－18　3号楼餐厅包房

图3－1－19　3号楼标准间

图3－1－20　3号楼套房

三、4号楼设计

4号楼的设计与2、3号楼相比较稍微有些区别，设计定位更加时尚、简约，尽量营造舒适、轻松的酒店氛围，服务受众更广泛，整体格调高雅，文化气息浓厚。

（一）大堂

大堂以简约中式风格为基调，突出民族特点，并结合具有时代特征的设计理念，以豪华的建筑配置，合理的空间分配，塑造出端庄大方、华丽雍容的空间美感。改造设计中将原酒店大堂功能区后移，形成大堂前厅和大堂正厅两个功能区，正好也协调酒店公共功能区存在的一系列矛盾问题，改变原酒店餐饮、会议功能与大堂功能的交叉干扰，相对独立，更有利于酒店的经营，使酒店的功能空间更趋于合理有效，空间氛围更加精致典雅。大堂中就地取材的木百叶线条使空间清爽而风格统一，保留了大堂的自然采光，天花板运用拉力膜结构材料，平衡原网架顶棚承重，轻盈明快。墙体装饰传统镂空纹样造型，配备具有襄阳地域特色的摆件饰品。沙发区米色澳毛长绒手工地毯，考究的现代家具，点缀着精致华珍贵的玲珑摆件，塑造出雍容宏大的空间气氛。

（二）大堂吧

经过平面布局的调整，大堂吧安排在 2 楼楼梯口右边区域，与大堂相邻，开放而相对私密。大堂吧延续大堂风格基调，品质高雅而精致，简约、现代的家具营造出舒适优雅的休憩、商务洽谈氛围。

（三）中餐厅

中餐厅着重于流线的组织，增加中餐厅独立的对外出入口，避免中餐厅对大堂的影响。更加注重中餐厅自身的品质，运用现代表现手法，将传统的中国神韵重新演绎，空间中尊重建筑结构关系，天花板处理呈现斜屋面造型，增添艺术吊灯，丰富而喜庆。最为引人注目的是点缀其间的陶瓷古器收藏和镂空木隔断，古今交错，最终让人定格在充满传奇色彩的氛围中。

（四）多功能宴会厅

多功能宴会厅是设计中功能调整后的亮点，为酒店公共功能区增加了经营面积，对于酒店的商务会议接待起到很好的作用。

空间处理中运用到茶镜，使空间富有变化，充满情趣，同时通过反射放大空间，弥补层高偏低的不足。合理的灯光处理，呈现热烈而喜庆的空间氛围。

4 号楼的设计方案与竣工效果如图 3 - 1 - 21 至图 3 - 1 - 26 所示。

图 3-1-21　4 号楼大堂

图 3-1-22　4 号楼大堂

图 3-1-23　4 号楼大堂

图 3-1-24　4 号楼自助餐厅

图 3-1-25　4 号楼大堂咖啡吧

图 3-1-26　4 号楼中餐厅包房

第二节　室内交通空间设计案例赏析

一、华世佳宝妇产医院室内设计

（一）艺设计理念

就当前国内外的医院设计思想和设计理论来讲，应把“患者第一”的理念放在首位，并且以此为原则。一所医院就医环境的好坏，一定程度上取决于总体布局的优劣，因此首先要让医院与整个城市周围的环境相适应，然后考虑医院自身的建筑与内部空间的布局，让患者在就诊的过程中能够感受到人文关怀。

1. 规划设想

（1）该方案的总体设计思想：功能分区合理，洁污路线清楚，布局紧凑。

（2）该方案设计坚持患者就医方便，并便于医院科学管理的原则，在满足各功能需要的同时，注意改善患者的就医条件，做到功能合理、流程科学、安全卫生。

（3）在整体设计中，着意体现“清新、典雅、朴素、高效、求实”的行业特点。

2. 功能分区

（1）医疗区：门厅、急诊、医校、病房。

（2）后勤供应区。

（3）职工生活区。

3. 创造高品质的医疗服务空间及亲切的环境

通过对国内外新建医院的研究，结合工程的实际情况，在公共空间的组织上采用“共享大厅”的设计理念，从而在相当大的程度上改变了医院冷峻、严肃的形象。入口雨棚、入口大厅及其多层回廊与中厅共同形成生动活泼的空间序列，加强了入口和交通枢纽的功能。

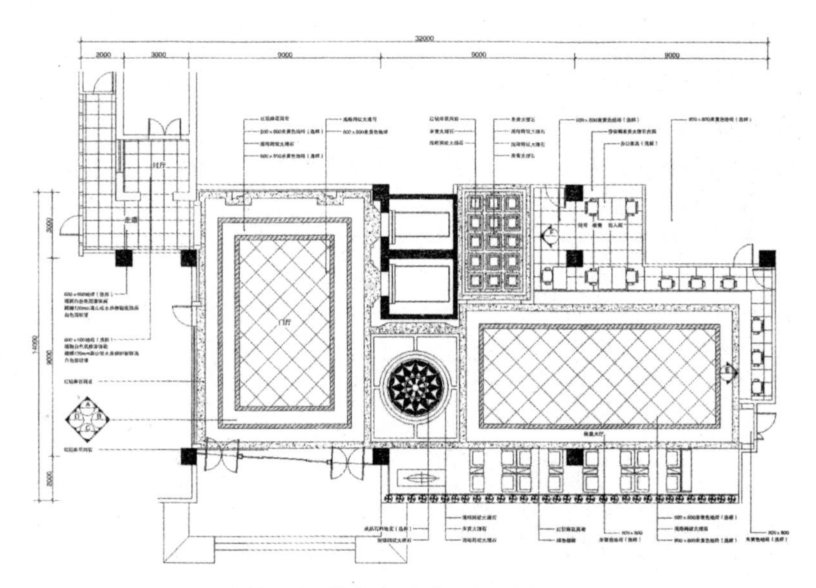

一层门厅、休息大厅平面布置图　1：75

图 3－2－1　一层门厅、休息大厅平面图

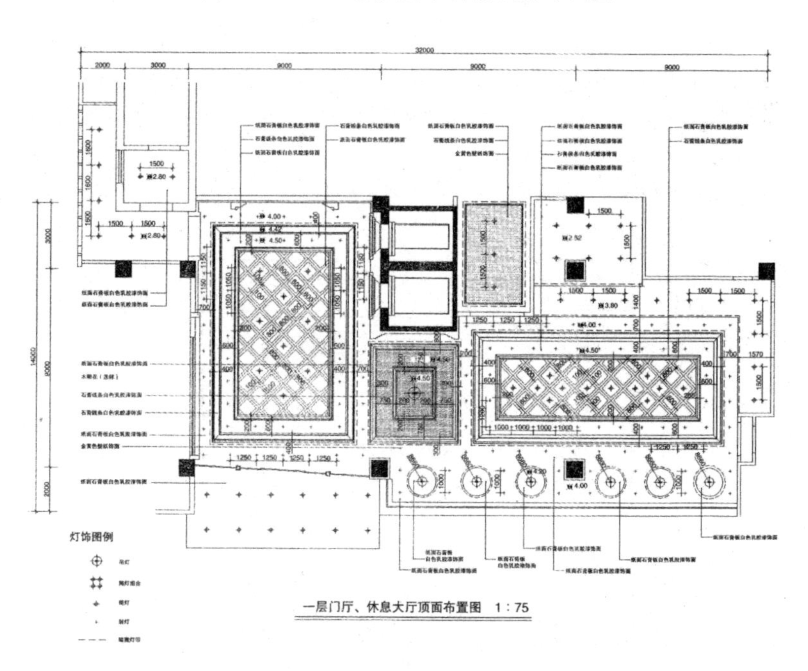

图 3－2－2　一层门厅、休息大厅顶面图

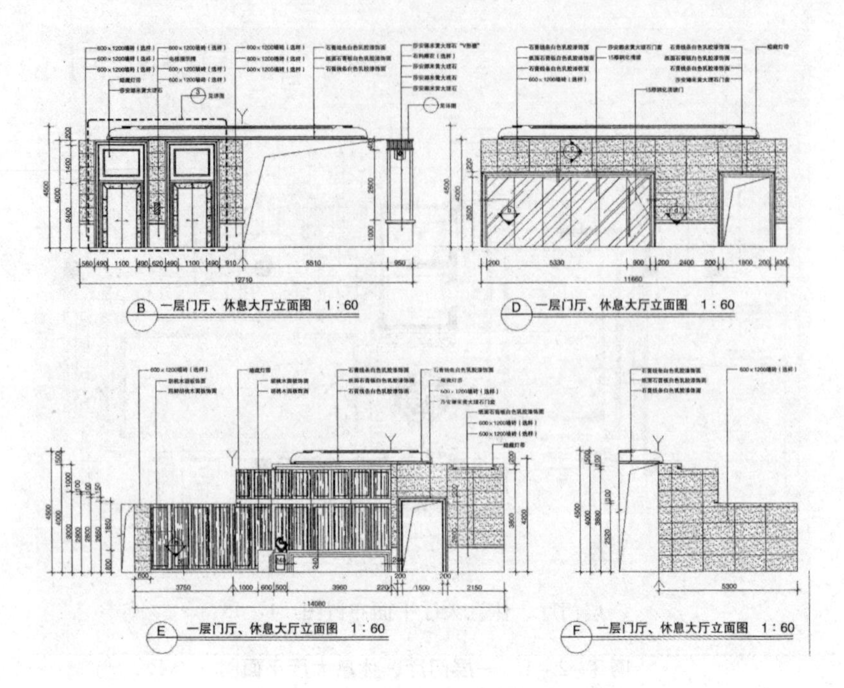

图 3-2-3 一层门厅、休息厅立面图

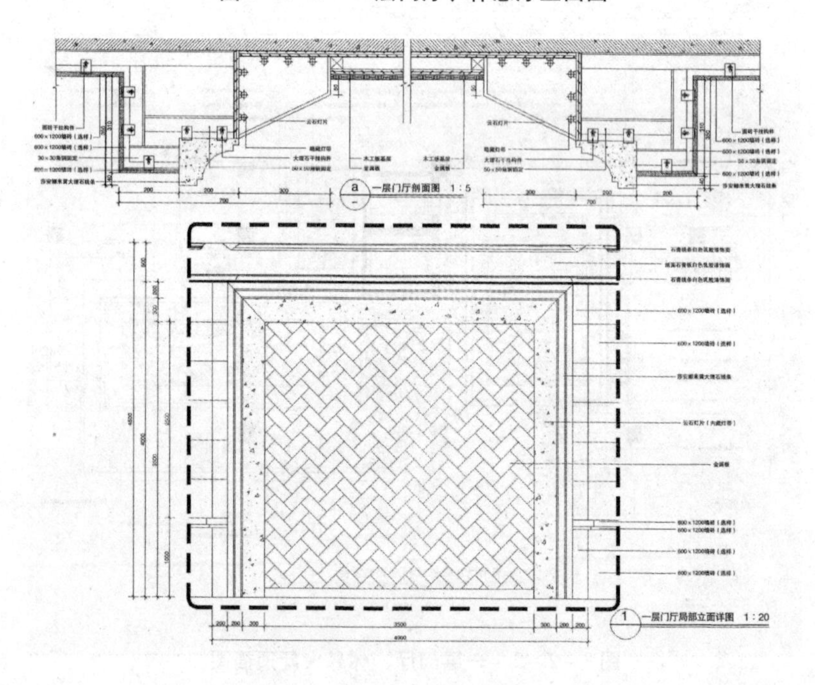

图 3-2-4 一层门厅详图

（二）装修施工图设计说明

1. 设计依据

（1）建筑设计单位提供的原始建筑图纸以及建设单位的两次修改意见。

（2）建设单位确定的最后平面方案。

（3）国家有关建筑装饰工程设计规范、规程。

2. 图纸辅助说明

（1）如建设单位或施工单位对设计提出修改，必须征得本工程设计人员的意见作参考，以免出现不理想的效果。

（2）施工单位需仔细审核、综合建筑的各工种图纸进行施工。

（3）不得按比例量度尺寸，应以图面标注尺寸为准，如有尺寸不详或不准，必须征求设计师的意见。

（4）有关各项工程的具体说明或特殊要求，若有需要，需在施工阶段提供补充图纸作另行说明。

（5）没有平面放大部分，其立面索引参见地面图中相应的索引。

（6）图中如拉手、合页等五金件仅为示意，实样需经业主及设计单位认可方能采纳。图中所示之灯具、活动家具、艺术品、挂画仅作示意。

（7）严格按中华人民共和国有关消防规范，所有建材必须满足规范要求，局部采用木结构的，必须严格进行防火涂料处理，有关这一要求不再在详图中标示。图中木饰面除注明外，表面均为哑光，硝基清漆饰面，有关这一要求不再在详图中标示。

（8）门、墙等构件尺寸参照间隔图，具体以现场为准。若图纸中有关尺寸与现场不符，应及时通知设计单位，不得以丈量图纸为依据，如需变更图纸必须在设计方的认可下方能进行。

（9）为了确保质量，本工程中所有轻钢龙骨石膏板吊顶均采用加强型上人龙骨，吊筋采用直径 8mm 的全牙镀锌丝杆，吊筋和龙骨间距严格按照国家规范施工，有关这一要求不再在详图中标示。

（10）卫生间洁具定位（包括相关的电源、排水）应以最后确定之品牌的安装要求实施。

（11）图中卫生间处墙、地面应严格按照施工规范做防漏处理，并由监理单位在验收后方能进行面材施工。

（三）工程施工要求

1. 材料

（1）提交300mm×200mm大小石料样品，说明出产地、质量范围、色彩范围及纹理，以设计师提供的或承建商推荐且建设单位及设计师认可作为本工程的标准。

（2）石材本身不得有明显的隐伤、风化等缺陷，符合国家有关规定。清洗石料不得使用钢丝刷或其他工具，而破坏其外露表面或在上面留下痕迹。

2. 安装

（1）检查底层或垫层安装妥当，并修饰好。

（2）确定线条、水产图案，并加以保护，防止石料混乱存放。

（3）遇到复杂图案时，应进行试拼，宜先拼图案，后拼其他部位，且拼缝应协调。

（4）用浮漂法安放石料，并将之压入均匀平面固定。

（5）按要求确保接缝保持同一直线，平面和宽度（按实际情况保留1~110mm的接缝）。

（6）石灰浆至少养护24h方可施工加填缝料。

（7）用勾缝灰浆填缝，填空隙，用工具将表面加工成平头接合。

3. 清洁

（1）在完成勾缝和填缝以后及在这些材料施放和硬化之后，应清洁有土坯的表面，所用的溶液不得有损于石料，接缝材料或相邻表面。

（2）在清洁过程中应使用非金属工具。

4. 石料加工

将石料加工成所需要的样板尺寸，厚度和形状，准确切割，保证尺寸符合设计要求。

（1）准确塑造特殊造型、镶边和外露边缘，并且进行修饰以与相邻表面相配。

（2）提供的砂应是干净、坚硬的硅质材料，至少含5%的湿度。

（3）拌制砂浆应用不含有害物质的洁净水。

（4）所用胶结材料的品种，掺和比例应符合设计要求，并且有建设单位及设计师（或监理工程师）认可的产品合格证。

5. 木工

（1）材料。材料必须经过烘干后或自然干燥后才能使用，自然生长的木料，没有虫蛀、松散或腐节或其他缺点，锯成方条形，并且不会翘曲，无爆裂及其他因为处理不当而引起的缺点。胶合板应符合国家有关规定，达到优质等级。承建商应在开工之前提供材料和装饰样板经建设单位和设计师（或监理工程师）的批准。

（2）防火处理 。

①所用木材用于有可能接触火灾或邻近可能发生火灾危险之处，均要涂上三层当地政府批准的防火漆。

②承建商要在实际施工前呈送防火涂料给建设单位及监理工程师认可批准，方可开始油漆。

（3）制作工艺及安装。

①尺寸。

A. 所用装饰的木材都要经过锯纹或其他加工工序做成规格里规定的恰当尺寸和形状。

B. 所有尺寸必须在工地核实，若图样或规格与实际工地有任何偏差，应立即通知室内设计师（其中，墙面木龙骨断面尺寸为 20mm × 30mm、40mm ×50mm 两种规格，20mm × 30mm。木方用于大面积墙面找平龙骨，40mm ×50mm 木方用于做造型的龙骨）。

②装饰。

所有完工时在外的木作工艺表面，除特殊注明处，都应该按设计做装饰。

③终饰。

当采用自然终饰或者采用指定为染色、打白漆、喷清漆或油漆被指定为终饰时，相连木板在形式、颜色和纹理上要相配合。

（4）收缩度。所有木工制品在安排、接合和安装时，做在任何部位的收缩度不应损害其强度和装饰品的外观，不应引起相邻材料和结构的破坏。

（5）接合。木工制品须严格按照图样的说明制作，在没在特别指示的地方接合，应按该处接合的公认形式操作。

①胶水接合法适用于不必预防收缩和移位及需要紧密接合的地方。所有胶水应用交叉舌榫或其他加固方法。

②所有铁钉等打进去并加上油灰，胶合表面结合的地方用胶水接合，

接触的表面必须用锯和刨进行终饰。实板的表面需要用胶水接合的地方，必须用砂纸轻打磨光。

③有待接合的表面须保持清洁，没有灰尘、锯灰、油渍和其他污染。

④胶合地方必须给予足够的压力以保持粘牢，胶水凝固条件均按照胶水制造商的说明进行。

（6）画线。所有踢脚板、框缘、平板和其他木工制品必须准确画线以配合实际现场达成应有的紧密配合。

（7）镶嵌细木工工作。在细木工制品规定要镶嵌的地方，应在周边工作完成后嵌入加工。

6. 五金器具

提供和安装所有五金器具，包括托架、窗插锁、螺帽、垫圈、螺丝钉、铁钉、铰链、锁、门铰、磁碰、闭门器、门框角撑架、路轨、活动层板和支撑钢件等。

（1）材料。所有五金器具必须防止生锈和污染，任何偏差都必须征得建设单位及设计师（或监理工程师）同意。

（2）完成。安装完成后，所有五金器具都应擦油、清洗、磨光和可以操作，所有钥匙必须清楚地贴上标签。承建商应负责安装所有的毛巾架、皂液盒、托架、卫生纸托架等。所有安装要用适当的材料，按照供应商的说明进行。所有沉头螺丝都要用油灰填塞并染色，上油漆，使其同周边物料相同。倘有外露的螺丝帽和五金器具，要用橡胶和塑料垫圈，以便不会磨损任何接触表面。

7. 金属覆盖板

（1）材料。提供金属饰面板的样板，指明其品种、质量、颜色、花型、线条、产地、并具有产品合格证。其中塑铝板为双面塑铝板，厚度为3 mm。所有材料均要求符合国家规范，并且安装清洁、挺直、无卷曲。

（2）安装。

①承建商可以选用厚度大于3 mm的材料去满足规格和要求，平板可折叠、挤压或以其他办法达到设计要求。

②金属板必须可以承受本身的荷载，而不会产生任何损害性或永久性变形。

8. 装饰防火胶板

防火板应为由建设单位及设计师认可的品牌，厚度1 mm以上。防火板的胶粘剂应遵从制造商或供应商的指示说明使用。

9. 天花吊顶

（1）工作范围。

①天花板悬挂部分，包括支撑照明和音响设备所需要的支撑物，框架或其他装置。

②搭设龙骨并悬挂该系统所需要的吊钩和其他附件。

③边缘修饰，夹和隔。

④铺设天花板材。

⑤照明装置。

⑥中央空气调节处理装置。

⑦音响系统。

⑧防火系统。

（2）安装。

①面板安装前的准备工作。

A. 在楼板中按设计要求设置预埋件或吊杆。

B. 吊顶内的通风、水电管道等隐蔽工程应安装完毕，消防系统安装并试压完毕。

C. 吊顶内的灯槽、斜撑、剪刀撑等，应根据工程情况适当布置。

D. 轻型吊灯应吊在主龙骨或次龙骨上，重型吊灯或其他装饰件不得与吊顶龙骨连接，应另设吊钩。

②龙骨安装。

A. 装龙骨的基本质量应符合国家标准 GBll981—89 的规定。

B. 主龙骨的吊点间距应按设计推荐系列选择，中间部分应起拱，金属龙骨起拱高度应不小于房间短向跨度的 1/200，主龙骨安装后应及时校正其位置和标高。

C. 次龙骨应紧贴主龙骨安装，当用自攻螺钉安装板材时，必须安装在宽度不小于 40mm 的次龙骨上。

D. 全面校正主、次龙骨的位置及水平度，连接件应错位安装，明龙骨应目测无明显弯曲，通常次龙骨连接处的对接错位偏差不得超过 2mm。校正后应将龙骨的所有吊挂件，连接件拧紧。

③纸面石膏板材安装。

A. 纸面石膏板的长边应沿纵向次龙骨铺设。

B. 自攻螺钉与纸面石膏板的距离：面纸包封的板边以 10 ~ 15 mm 为宜，切割的板边以 15 ~20mm 为宜：

C. 钉距以150~170mm为宜，螺钉应与板面垂直且略埋于板面，并不使纸面破损，钉眼应做除锈处理并用石膏腻子抹平。

D. 拌制石膏腻子应用不含有害物质的洁净水。

④矿棉板的安装。

A. 施工现场湿度过大时不宜安装。

B. 安装时，板上不得安置其他材料，防止板材受压变形。

C. 采用搁置法安装，应留有板材安装缝，每边缝隙不宜大于1mm。

10. 裱糊工程

（1）材质必须粘贴牢固，表面色泽一致，不得有气泡、空鼓、裂缝、翘边、皱折和斑污、斜视上无胶痕。

（2）表面平整，无波折起伏。

（3）各幅拼接横平竖直，拼接处花纹、图案吻合，不离缝、不搭接，距墙角15m处正视时不显接缝。

（4）阴阳转角垂直，棱角分明，阴角处无接缝。

11. 材料的环保要求

（1）建筑主体材料、装饰材料，即花岗石、大理石、建筑、卫生陶瓷、石膏制品、水泥与水泥制品、砖、瓦、混凝土、混凝土预制构件、砌块、墙体保温材料、工业废渣、掺工业废渣的建筑材料及各种新型墙体材料等必须符合《建筑材料放射性核素限量》（GB6566-2001）标准的要求。

（2）造板（胶合板、纤维板、刨花板）及其制品必须符合《人造板及其制品中甲醛释放限量》（GB18580—2001）标准的要求。

（3）内装修用水性墙面涂料必须符合《内墙涂料中有害物限量》（GB18582—2001）标准的要求。

（4）室内装修用溶剂型木器（以有机物作为溶剂的）涂料必须符合《溶剂型木器涂料中有害物质限量》（GB18581—2001）标准的要求。

（5）室内装修的胶粘剂产品必须符合《胶粘剂中有害物限量》（GB18583—2001）标准的要求。

（6）纸为基材的壁纸必须符合《壁纸中有害物限量》（GB18585—2001）标准的要求。

（7）聚氯乙烯卷材地板以及聚氯乙烯复合铺炕革和车用地板必须符合《聚氯乙烯卷材地板中有害物的限量》（GB18586—2001）标准的要求。

（8）地毯、地毯衬垫及地毯胶粘剂必须符合《地毯、地毯衬垫及地毯胶粘剂有害物释放限量》（GB18587—2001）标准的要求。

（9）室内用水性阻燃剂、防水剂、防腐剂等水性处理剂必须符合《水性处理剂有害物的限量》（GB50325—2001）标准的要求。

（10）各类木家具产品必须符合《木家具中有害物的限量》（GB18584—2001）标准的要求。

12. 相关专业要求

（1）消防系统。消防栓及喷淋系统同原设计，但明露件的位置，应根据吊顶平面适当调整并应符合国家规定的有关规范。

（2）空调系统。空调系统同原建筑设计，但风口位置、大小、数量应根据综合吊顶平面图调整。

（3）强、弱电系统。开关、插座、报警器等明露零件的样式、颜色应与内装饰协调统一，并排列整齐。

（4）成品家具、灯具、风口的颜色、样式及装修材料均需经业主和设计人员的认可。

（5）图中专业灯光、音响、背景音乐均未作标示，应由各相关专业另行设计。图中所注成品防火门由专业厂家提供。

二、武汉理工大学设计研究院大楼

根据项目要求，设计任务展开进程如下。

（一）明确设计项目要达到的预期设计目标

武汉理工大设计研究院大楼室内设计是2011年完成的，业主是武汉理工大设计研究院。作为高校附属二级单位，在设计上必须把握以下几点。

（1）整体设计风格上要严肃、大气而具有活力与时尚性。

（2）体现系统性、规范性与最大限度的空间利用性。

（3）营造良好、舒适的办公环境，令人感受到新的办公体验。

（4）设计中要本着节约、经济的原则，最大限度地控制成本，少投入、多产出，达到设计效果。

（5）设计能够体现出设计院的特点，更能彰显武汉理工大学的文化内涵。

（二）设计项目推进过程

武汉工大设计研究院大楼是新建建筑，室内功能分区确定将来有3家单位进驻办公。大楼总共15层，设计院办公区为2、3楼，5～12楼。明确设计任务后，针对建筑现场结构特点，做出相应的设计方案。

（1）在平面功能上，通过对设计院内部组织结构关系的梳理，通过系统的分析来确定各组织、各部门之间的关系，并且以空间交通流线最短的原则来提高空间利用率和使用后的工作效率。充分利用楼层关系，合理进行各部门的分层分区规划设计，对各部门采取小单元大办公室的方针布局，普通职员大面积开放式办公，部门领导按一定级别要求分配合适的办公面积，以独立或相对独立的形式规划设计功能用房。

（2）在设计风格上，结合设计院的特点，空间形态以大空间过渡与穿插为主，构成要素以直线的方形为主，强调垂直、干练的直线条感觉，不加修饰，直接面与面碰边收口，简约不简单，色彩以白、冷灰调为主，注重材质本身的肌理效果。

（3）设计方案与竣工效果如图3－2－5至图3－2－6所示。

图3－2－5　大厅透视效果（一）

图3－2－6　大厅透视效果（二）

图3－2－7　大厅局部（一）

图3－2－8　大厅局部（二）

图3－2－9　入口门厅

图3－2－10　3楼大厅走廊

图3－2－11　2楼电梯间

图3－2－12　7楼公共内走廊

图3－2－13　8楼公共内走廊

图3－2－14　6楼会议室

图3－2－15　9楼公共内走廊

图3－2－16　10楼公共内走廊

第三节　室内公共活动空间设计案例赏析

一、"黑白印象"主题西餐厅室内设计

这家主题西餐厅以白色为主要调色，其中的黑色或者是暗色色块使之产生一些变化。运用不同材质的白色能够把一些看似狭小的空间以一种相对透明的状态呈现出来，给人一种纵深感。吊灯的出现使得空间在平凡中增加了一些超脱感，并且玻璃材质的餐桌椅将吊灯投射的光束折射过来，这样整个空间就会显得格外明亮。

设计方案效果如图 3-3-1 至图 3-3-10 所示。

图 3-3-1　主题西餐厅前厅

图 3-3-2　主题西餐厅入口等候区

图 3-3-3　主题西餐厅吧台区

图 3-3-4　主题西餐厅散座区（一）

图3－3－5　主题西餐厅散座区（二）　图3－3－6　主题西餐厅散座区（三）

图3－3－7　主题西餐厅散座区（四）

图3－3－8　主题西餐厅散座区（五）

图3－3－9　主题西餐厅散座区（六）

图3－3－10　主题西餐厅钢琴岛区

二、“韵魅东方”中餐厅室内设计

“韵魅东方”中餐厅设计是学生的设计作品，采用简约的现代中式风格，呈现出古朴而典雅、庄重而又大方的如画般的餐厅空间效果。设计中大量运用刺绣纹样、图案元素等，彰显浓郁的东方地域风情。色彩上以浓艳的重色为主，大量屏风运用古铜镂空搭配柱子上梅花刺绣软包，更加彰显典雅中国风。

设计方案效果如图3－3－11至图3－3－16所示。

图 3-3-11　中餐厅入口

图 3-3-12　中餐厅前厅

图 3-3-13　中餐厅走廊（一）

图 3-3-14　中餐厅走廊（二）

图 3-3-15　中餐厅大厅散座区（一）

图 3-3-16　中餐厅大厅散座区（二）

三、济南崮云湖别墅室内设计及装修

（一）设计理念

该方案是根据甲方提供的别墅土建图纸以及甲方提出的设计要求进行简约中式风格设计的中标方案。简约是细节上精致卓越的追求，是舒适愉悦的氛围，简单且适用的隔断把会客区与就餐区和谐地区分开来，而顶部的设计再次突出了空间的功能性，墙面的线条增添了空间的层次感，中式壁画的选择为房间的设计增添了几分优雅……简洁中突出了家的和谐氛围。

客厅设计是本案全开放式的公共空间，统一而富有变化的天花造型、贯穿全室的仿古灰色瓷砖，将整个居室空间营造出充满艺术气息而又温馨浪漫的格调。

中式风格是东方文化独有的财富，它不仅是传统文化的一种象征，也是现代室内设计中不可缺少的风尚。本案中随处可见的木质隔板与中式陈设品既恰到好处地点缀了居室空间，又彰显出使用者独特的文化内涵和品位。

在室内空间中采用园林的室外借景、分景、隔景等处理手法，创造了隔而不断的流动空间。隔扇、屏风和字画、书法等综合运用在室内装饰中，较好地体现了主人的品位与气质，能传达出强烈的中国传统韵味。装饰雕刻艺术同时也运用在该空间中，雕刻的纹理有龟背纹、回形纹、万字纹、方胜纹等。雕刻方法灵活多变，不仅有木雕，还有石雕、漆雕等。天花藻井上的装饰，多是实木结构。

传统元素在现代室内设计中精神化的运用是“形”的运用，“形”的运用只是表象，而应当吸取传统文化的“意”和“神”才能找到传统和现代的契合点，这才是传统与现代的根本结合点。

颜色是我们最能看清的元素，而颜色亦足以烘托整个设计艺术的气氛。我们把中国独特的青色、红色、黄色等色彩文化同时渗透在该室内设计中，表达了不同的魅力和语言，在不同空间中演绎着不同的气氛和情景色彩，使空间散发着中国传统元素的艺术魅力。

本案设计图及效果如图 3－3－17 至图 3－3－25 所示。

图 3－3－17　一层玄关处墙面上的圆形造型形成的视觉焦点

图 3－3－18　一层温馨典雅的客卧空间

图 3-3-19　同一纹理的墙面木雕与灯饰给卧室空间增添了传统文化情节

图 3-3-20　三层主卧室的背景墙与天花藻井的设计简洁而精致

图 3-3-21　竖线条的应用与镜面的巧妙处理，增大了空间距离

图 3-3-22　中式木质纹理与陈设品，使二层次卧充满了传统艺术气息

图 3-3-23　二层书房鸟笼的运用增加了空间情趣与文化内涵

图 3-3-24　二层起居室的思古情怀

图 3－3－25　二层走廊天花吊顶

（二）装修施工图设计说明

1. 一般说明

（1）本设计图纸为长清崮云湖别墅装修工程内装饰施工图设计。

（2）凡楼地面有地漏处的泛水坡，应严格执行规范要求。

（3）本设计所选用的产品和材料均应符合国家相关的质量检测标准。

（4）所有装修材料均采用不燃或难燃材料，木材及木龙骨应采取防火处理（一遍防火涂料满涂）。靠地墙面的木结构部分应采取三度防腐处理，其他材料也必须严格按照国家规范进行处理。

（5）建筑装修工程施工时，应做到其他各种密切配合，并遵守国家颁布的有关标准及各项验收规范标准的规定。

（6）工程施工时应严格按照施工标准规范执行。

2. 建筑装修概况

（1）本装修涉及使用的装修材料有木材、夹板、金属件、石膏板、涂料、油漆、瓷砖、石材等，所有材料均应达到国家标准。

（2）本建筑装修的做法除注明之外，其他做法均应做到按国家的标准图集做法施工，并严格遵守相应的国家验收规范。

（3）参照一般施工说明内容施工。

3. 图纸辅助说明

（1）图中平面图部分所注面饰材料代表为楼面饰材，其他材料详见装修立面图。

（2）50 主（间距 800mm）配 50 副（间距 400mm × 600mm）轻钢龙骨石膏板吊顶，刮腻子 2 遍，刷白色乳胶漆 2 遍。

（3）成品门，应由施工方向甲方提供样板，最后甲方审定。

4. 主要材料及做法

主要材料：轻钢龙骨、石膏板、木地板、木饰面、木地板、仿古砖、壁纸、米黄石材、米黄瓷砖、400mm×800mm 瓷砖、大理石材、白镜、钢化清玻璃、木线、金箔、银箔、金茶镜。

（1）墙面。

①墙面砖的选择按设计要求。

②墙面基层木龙骨、九夹板及细木工板等选择优质环保材料。施工时基层刷防火涂料 3 遍，靠墙面刷防腐油 3 遍。

（2）地面。

①地面材料施工应做到饰面平整，水平度好，缝线笔直，接缝严密，无污染，并做好底层处理，应无空鼓等现象。

②以上工程均应注意同专业及安装工程的配合，尤其须同专业的明露设备（如照明控制、强弱电插座及控制等）协调施工，并做好标记。

（3）顶棚。

50 主（间距 800mm）配 50 副（间距 400mm×600mm）轻钢龙骨石膏板吊顶．刮腻子 2 遍，刷白色乳胶漆 2 遍。

注：此部分工程也应注意同各专业施工的配合，吊顶板需在吊顶内各专业管线设备等安装调试完毕后再行安装，并做好校验，饰面及刷涂平整均匀，灯具等应与顶棚衔接紧密得体，排布整齐，结合吊顶内专业管线的情况合理布置。

（4）屋顶。聚氨酯防水。

5. 专业要求

（1）所有木饰面均刷硝基清漆，底漆 6 遍，面漆 6 遍；木基层刷防火涂料 3 遍，靠墙面刷防腐油 3 遍。

（2）乳胶漆墙，顶面均刮腻子 3 遍，白色乳胶漆 3 遍。

6. 其他说明

（1）施工单位提供各类油漆、喷漆的样板，由甲方确定。

（2）所有做法均以详图为准，已变更的，以业主签证为准。

（3）工程施工必须严格按照中华人民共和国现有的施工验收规范执行，各工种相互协调配合。

（4）图中若有尺寸与设计及现状不符，以现场为准。

第四章　室外环境设计概述

营造和谐空间环境同样离不开对室外环境设计的了解。

本章首先简述室外环境设计的概念与界定，其次介绍室外环境设计的构成要素与特征，最后对室外环境设计的原则与方法展开说明，具体如下。

第一节　室外环境的概念与界定

室外环境又称建筑外环境，指的是建筑周围或建筑与建筑之间的环境，是以建筑构筑空间的方式从人的周围环境中进一步界定而形成的特定环境。与室内环境相对，且二者同是人类最基本的生存活动的环境。

室外环境主要局限于与人类生活最密切的聚落环境之中，包含了物理性、地理性、心理性、行为性各个层面。同时它又是一个以人为主体的有生物环境，自然环境、人工环境、社会环境是它的重要组成。

如何来设计我们的室外环境？对于建筑师、规划师、景观设计师而言，其重点落实于室外环境的空间与实体的设计，而以上各类环境构成均是设计应考虑的范畴，具体设计对象包括地形、植物、地面铺装、水体等人们活动的空间要素，而场地、环境等也被包含于室外环境的空间集合里面。

第二节　室外环境设计的构成要素与特征

一、室外环境设计的构成要素

（一）地形设计

地形环境是构成室外环境实体的基底和依托，是丰富空间层次的重要手法。

（1）在规则的室外环境布局中，地形一般表现为不同标高的地坪、层次。

（2）在自然的室外环境布局中，地形的起伏，形成平原、丘陵、山峰、盆地等地貌。

1. 地形设计简述

地形设计是室外环境总体设计的主要内容，也是对原有地形使用工程的方法进行工程结构和艺术造型的改造设计过程。

地域环境地质形态各自不同的变化构成了丰富多彩的特色自然环境。由于在地球板块运动过程中地质构造的上下波动，使得地貌有的形成山脉，有的形成盆地，还有的成为平原。

这些原始的地形地貌形态为室外环境设计提供了最基础的造景条件。在设计过程中，要尽可能地了解地形、合理利用地形。

2. 地形的不同类型

地形在形态上分为凸地、山脊、谷地、平地等（图4－2－1）。

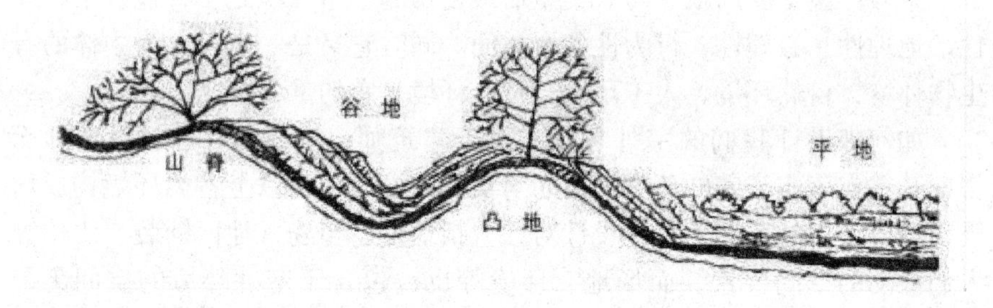

图4－2－1　地形的空间形态

（1）凸地。

①概念。凸地形是竖向地势上，周边低矮朝向中间逐渐升高的地形，如山丘、缓坡。

②划分。根据凸地形的坡度大小可以分为缓坡地、中坡地、急坡地和悬崖、陡坎等。

坡地的高程变化和明显的朝向使其具有广泛的用途和设计的灵活性，如用于种植，提供界面、视线和视点，塑造多级平台、围合空间等。

③视觉效果。一方面，由于凸地形中央竖向地势高，越接近制高点视觉越广阔，在一定区域内形成视觉中心，具有地理与心理上的控制性作

用，站在制高点（山顶）上使人产生“一览众山小”的豪迈感受。另一方面，在构图上凸地形成为空间上的实体，与之相对，山下的地势，如洼地、谷地等则成为一种负向空间（图4－2－2）。

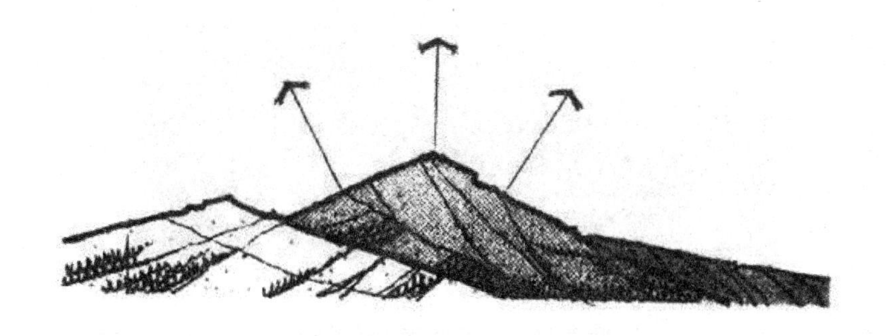

图4－2－2　凸地形

④基本特点。凸地形在地理环境中具有地理上的特点和美学上特点。

一方面凸地形由于地形地势升高，可以遮挡北风，导致凸地形北面寒冷干燥，凸地形南面由于接受大量的太阳直射，比较温暖湿润。在地形上凸地形制高点的竖向地势高，导致与凸地形相邻的山谷吸引大量空气流动，形成风口，这样形成地理上的小气候。

另一方面，凸地形的制高点在视觉上具有仰望、崇敬、吸引和向往的心理特点，容易形成视觉上的焦点。而站在这个焦点处（制高点、山顶等），容易俯瞰全景，形成鸟瞰效果。

因此，设计中经常利用凸地形或者地形相交的高地势处形成视觉的中心或焦点。例如，在此建造建筑、构筑物、庙宇、神坛、烽火台、瞭望塔等，容易形成美丽景色。

（2）山脊。

①概念。山脊地形是连续的线形凸地形，有明显的方向性和流线。

②视觉效果。山脊是凸地制高点的连续延伸，同样具有限制视觉空间的作用。从水平投影图看，等高线沿山脊地形为中心辐射开来。在山脊上适宜布置构筑物如庙宇等，在造景效果上具有视觉上的崇敬感。

③基本特点。在山脊上，视野开阔、舒坦、延伸无限。山脊居于凸地形顶部的位置，沿山脊线因为没有重力的垂直方向的阻力，移动方便（图4－2－3）。

图4－2－3　在山脊上建道路

山脊的底部是洼地或谷地，由于地势低，形成排水的底部，容易形成积水潭，而山脊制高点的位置成为天然的分水岭，划分了各自排水的界限。

（3）谷地。

①概念。谷地是一系列连续和线性的凹地地形（与凸地地形相反），与山脊具有相似的等高线，只是箭头是向上指向的，其空间特性和山脊地形正好相反。

②基本特点。谷地地势低沉，是水流汇聚的地方，也是低洼的地方，由于面积狭长广大，它也是公路通行之地。但它更多的是吸引山地的降水、径流、地下水、暗流，容易形成溪流、湖沼、湿地（图4－2－4），因此建筑施工要避开这些潮湿低洼地区，这样可以有效避免地理灾害，同时也不至于造成生态破坏。

图4－2－4　谷地形成的流水

（4）平地。

①概念。室外环境设计上所说的平地就是土地的基面在视觉上与水平面相平行的地形，又称平坦地形，是指水平的或者平均的地面（水平指的是水平的面，平坦指的是均匀的或稳定的平面）。

②视觉效果。平地起伏坡度很缓，最为简单和安定，其坡度一般在5%以下，其地形变化不足以引起视觉上的刺激效果。

平地由于广阔无垠，给人以无限扩展空间的感觉，令人产生缺乏三维限制的印象。

由于平地没有遮挡不悦、噪声、遮风蔽日的屏障，容易创造出一种开阔空旷、没有私密性的空间。

平地上因为没有遮挡，形成了一览无余、不受阻挡的视觉效果。因此在平地上的垂直竖向元素，如建筑、纪念碑、塔、烟囱等竖向物与平面形成强烈对比，容易成为视觉画面构图中的焦点和主题（图4－2－5）。

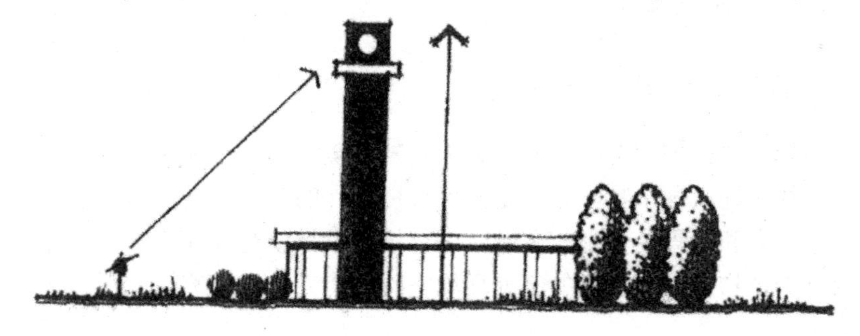

图4－2－5　垂直元素在水平地形上成为视觉焦点

③基本特点。由于在地形上没有明显的高度变化，因而平地总是处于宁静、静止的状态，表现为与地球引力相平衡。人处于平地上，能感觉到一种舒适和踏实的感觉。用地多为城市广场、草坪、建筑用地等。

在平地设计中要得到私密与半开放空间，需要在室外环境的场地设计上利用垂直或间隔的设计元素，如植被、墙体进行分隔处理。

从环境设计功能上说，室外环境中保持一定比例的平地是很有必要的，它可以用来接纳和疏散人群，组织活动，提供休息和游览，营造开阔视野等（图4－2－6）。

图4-2-6　平地造景

（二）植物设计

1. 植物设计简述

植物在通常的情况下，应当成为室外环境空间的主体。

植物设计又称植物配置，是室外环境设计的一项重要内容，它与绿色环保、生态和谐等是紧密相关的。进行植物设计就是应用乔木、灌木、藤本及草本植物来创造绿色的室外环境空间，使人置身于充满生机活力的自然之中。

2. 植物的不同类型

植物的分类体系很多，一般按生长习性和观赏特性分类，有以下几种。

（1）草坪植物。主要是指室外环境空间中覆盖地面的低矮禾草类植物，一般可用它形成较大面积的平整或稍有起伏的草地，供观赏和体育、休闲活动之用。

（2）水生植物。是指那些能够长期在水中、水边潮湿环境中生长的，包括完全沉浸在水里、漂浮在水面上及生长在水边的植物。

常见的水生植物有荷花、睡莲、玉莲、菖蒲、浮萍、凤眼莲等。

（3）藤本植物。是具有细长茎蔓的木质藤本植物。通常它们可以攀缘或垂挂在各种支架上，有些可以直接吸附于垂直的墙壁上，不占用土地面积，应用形式灵活多样，是与各种棚架、凉廊、栅栏、围篱、墙面、拱门、灯柱、山石、枯树等搭配的好材料（图4-2-7）。

图4－2－7　藤本月季搭配

（4）花卉。这里所指的花卉是狭义的概念，即仅指草本的观花植物，或称草本花卉。

花卉的色彩艳丽丰富，往往会成为室外环境美化的重点（图4－2－8）。

图4－2－8　草本花卉点缀室外环境

花卉按其生物学特征有多种分类方法，如耐寒性和喜温性花卉；长日照、短日照和中性花卉；喜阳性与耐阴性花卉；水生、旱生和湿生类花卉等。

（5）灌木。灌木没有明显的主干，多呈丛生状态，或自基部分枝，通常在5m以下，一般具有美丽芳香的花朵或色彩艳丽的果实，如紫荆、大叶黄杨、海桐等。

这类植物种类繁多，观赏效果显著，在绿地中应用广泛（图4－2－9）。

图4－2－9　灌木造景（杜鹃）

灌木可以划分为观花类、观果类、观叶类、观枝类等几种类型。

（6）乔木。乔木树体高大，具有明显的主干、分枝点高、寿命长等特点。

在室外环境空间的植物中，乔木以其冠大荫浓、形态优美而深受人们喜爱（图4－2－10）。

乔木依据其体型高矮，有大乔木（20m以上）、中乔木（8～20m）和小乔木（8m以下）之分。

按一年四季乔木叶片脱落状况可分为常绿针叶乔木、落叶针叶乔木、常绿阔叶乔木、落叶阔叶乔木等四类。

图4－2－10　乔木形成的道路美景（银杏）

（三）地面铺装设计

1. 地面铺装设计简述

地面铺装设计，是指在室外环境中按照一定的铺装方式，运用自然或人工的铺装材料铺设于地面形成的地面景观形式。

它是改善地面空间环境最直接、最有效的手段。

2. 地面铺装的不同类型

（1）软质铺装。草坪与灌木是最常见的两种软质铺装形式，其特点是虽然简单，却可创造出充满魅力的效果，通过它可以强化室外环境空间的统一性。

（2）硬质铺装。主要是以石材、砖、砾石、卵石、木材等为材料进行的地面设计。硬质铺装一般来说主要采用以下三类材料。

①块料。如混凝土砖、大理石、花岗岩、条石、透水砖等铺装材料，常用于比较正式的大型公共场合（图4－2－11），如大型广场、停车场、公共建筑大门以及城市广场、室外环境休闲公共空间以及步行道路等。该类铺装材料的形状、色彩、质地都非常丰富，充满时代的气息。

图4－2－11　砖铺地面

②碎料。如砾石、卵石、碎瓷砖等，这些材料具有良好的透水性，无论是在经济上还是在生态上都是一种比较合适的铺地材料（图4－2－12）。

图 4－2－12　卵石路面

碎料适合于广场、居住区等具有自然生态意义的室外空间步行小路，其往往能形成自然朴素的效果，有悠闲自在的情趣。

③木质材料。木质铺装最大的优点就是给人以柔和、亲切的感觉，所以常用木块代替砖、石铺装。

在休息区内放置桌椅的地方，与坚硬冰冷的石质材料相比，木质材料的优势更加明显，其特点是具有很强的亲和力而且没有辐射，自然、环保，施工方便（图 4－2－13）。

图 4－2－13　水边防腐木栈道

二、室外环境及其设计的特征

（一）室外环境特征

1. 形成特征

室外环境的形成包含着有复杂性、长期性和不确定性。

（1）复杂性。构成室外环境的诸多要素都是特定的自然、经济、文化、生活的产物，如同四代同堂的大家庭，处理协调彼此的关系具有一定的复杂性。

（2）长期性。期望室外环境每个构成要素同时诞生是几乎不可能的。一些规模较大的环境从开始建筑到基本成形要花费几年甚至数十年的时间。

（3）不确定性。在对一些城市商业金融区的整体设计中，通常每一个地块的室外环境需随着不同的项目由业主自主实施，对于形成一个完整的外部环境的控制就比较困难，况且其中的一些基地尚未开发，另一些又由于业主的变更而需要对外环境作重大改变，所有这一切都使得最终形成的室外环境具有不确定性。

2. 文化特征

室外环境是居民的生活方式、价值观等方面的真实反映，也是一个民族、一个时代的艺术和科技的体现。

这种对文化地域性、时代性、综合性的体现是无与伦比的。其原因在于：室外环境里具有很多体现文化的人类印迹（图4－2－14），同时新的内容随时都在往里添加。

图4－2－14　柯里亚设计的具有印度文化特征的庭院

而其中群体建筑的外环境更是往往成为一个城市、一个地区甚至一个民族、一个国家文化的象征。上海的外滩、北京的天安门广场、威尼斯的圣马可广场、纽约的曼哈顿都是突出的例子。

3. 性格特征

室外环境的性格主要表示：经过各种环境要素的布排，使人的情绪和心理反应产生不同，并在此基础上提高对环境的认识，做出与环境相适应的行为。

不同的环境具有不同的性格（图4-2-15），而具有合适性格的室外环境才能使得环境的功能性很好地得以实现。因此环境的性格应具有与其功能相适应的特征。

比如，当人们来到一个纪念性广场，环境就需要让人感受到它的高大、庄重，为瞻仰活动提供了一个非常不错的环境氛围。

而在室外环境的设计中也应一直围绕其性格特征展开设计。

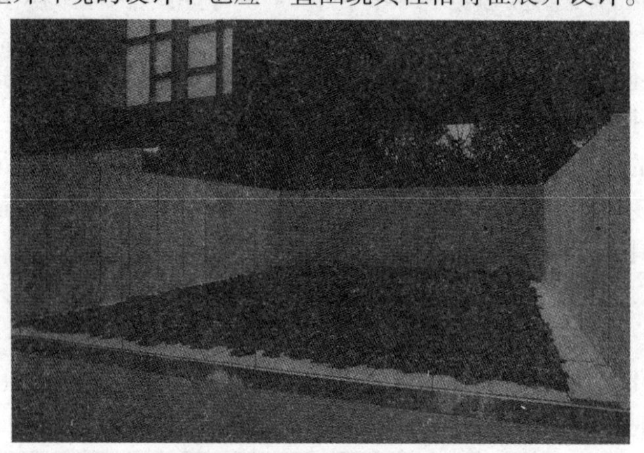

图4-2-15　黑川纪章室内独有的院落景观

4. 功能特征

室外环境作为人的一个基本的生存空间，具有其不可替代的功能性。

（1）联系功能。它是一个过渡空间，联系着每一个独立的建筑物，人们必须经常往来于各种不同性质的室内环境之间，而室外环境为这种联系提供了必要的物质条件。

（2）景观功能。室外环境具有重要的景观特征。无论在室内环境中向窗外看（图4-2-16），还是在室外向四周远眺，良好的室外环境都能给人赏心悦目的感受。

图 4－2－16　栅栏阻隔的绿荫下仍是人们休息的好场所

（3）场所与服务功能。室外环境还为人们的各种室外活动提供了场所和服务。

①广场、绿地、庭院、露天场地可供人们进行各类活动，如集会、散步、游戏、静坐、眺望、交谈、野餐等都可以在室外环境中找到适宜的空间。同一环境不同时段往往可以用于不同的活动，如居住区中的绿地，清晨，老年人结伴在这里打拳，做操；中午及放学时，孩童在这里嬉戏。

②室外环境还是人们呼吸新鲜空气与自然交流的场所。人不能被禁锢在室内，其需要从自然中获得供其健康成长的养分，而室外环境正是能提供人与自然相接触的重要场所。

（二）室外环境设计的特征

对室外环境设计特征的说明主要依据室外环境设计的环境行为学背景展开，具体内容如下。

首先，在一定的室外环境中，人群活动有“必要性”“选择性”“社交性”三种方式。在各种活动中，人们喜欢“同类聚集”“定时聚集”，而且活动经常由活动场所的周边逐步向中心汇聚（此现象在环境行为学中被称为“边界效应”）。

其次，不同人群在公共空间环境中的行为活动也有其不同特点（表 4－2－1）。

表 4-2-1　不同人群在公共空间环境中行为活动的不同特点

活动对象	活动特点
老年人（≥60 岁）	以养生为主；体能性、流动性活动减少；喜欢选择热闹、安全、可达性强、宽敞、熟悉的环境，与熟人、小孩、朋友交往
中成年人（18～60 岁）	以工作为主；活动规律性强、社交范围广、业余时间少；很少参加自主性、社会性活动；除工作交往外，更喜欢选择私密空间独处
青少年（7～18 岁）	以学习为主；活动规律性强，业余时间少；渴望人际交往，喜欢与同性同龄的人群聚集；对交往空间的要求不高、善于利用空间环境条件
儿童（1～7 岁）	以游戏为主；求知欲望强、独立活动能力弱，活动范围局限于家庭、学校等；业余活动受时间、地点、设施等因素制约；喜欢选择私密性强、活动范围大的空间环境，与同龄人聚集、游戏

综上我们认为：人群活动场所有广场、运动场、游戏场等可供选择，各活动场所的设计也应有一定共性特征。

（1）一般礼仪性广场、集散性广场应沿建筑前端或场地中心布置，休闲广场应沿场地周边布置。广场面积可参照 0.8～$2m^2$/人控制。

（2）室外足球场、篮球场、网球场等应集中布置。球场长轴应平行于南北方向，避免东西方向的阳光直射。各种球场应集中设置人流出入口及车辆停车点，并与周围建筑设施保持一定的噪声屏蔽距离、视觉卫生距离。

（3）游戏场应选择地势平坦的场地，划分老年人、青年人、少儿不同的活动区域，控制适宜的 300～500m 步行距离①，并提供必要的活动设施。

① 其理论依据是环境行为学中的“1/10”理论。该理论认为，人在室外环境活动范围是室内空间活动范围的 10 倍，如人在居室中的活动范围是 3.0～4.0m，在室外环境中的活动范围为 30～40m。

第三节 室外环境设计的原则与方法

一、室外环境设计的原则

（一）人文原则

一个好的室外环境设计离不开对所在地区的文化脉络的把握和利用。室外环境设计的人文特色就是在对传统因素的各种特点进行解析之后上升到又一个新的层次去阐释和建构的人文体系。

图4-3-1 岐江公园以老机器作为点景

室外环境设计的人文塑造，对很多建筑要素（如建筑风格、审美情趣、社会风尚、文化心理、民俗传统、生活方式、宗教信仰等）加以融合，再经具体的方式展示出来，可以给人以直观的精神享受（图4-3-1）。

（二）美学原则

设计师追求的是把握室外环境的正向特征（合适的空间尺度、清洁性、安全性等），充分体现东方文化观念中多样性的生态美学原则和多层次的美学表达（图4-3-2）。

图 4－3－2　黑龙江群里雨洪湿地公园景观道路序列

（三）前瞻性原则

室外环境设计应有适当的前瞻性。所谓设计的前瞻性有三个层面的意思。

（1）设计要处理好内部道路与外部路网彼此之间的联系，不仅要对空气动力学原理的运用予以适当地宣传、予以适当地推广；还要在设计过程里多利用太阳能等新技术，将环保、节能的理念贯彻下去，给后人更为广阔的发展空间。

（2）设计要遵循自然规律的内在要求，尽量设计出能经时间考验和历史验证的作品。这就需要设计师在设计中对自然、社会、科学等非常重视，找出它们之间的内在规律，并运用到设计中去。

（3）设计要符合科学技术的一直前进的潮流，最好可以在美学追求方面体现时代特征，以保证室外环境设计在今后的发展中时刻处于先进行列（图 4－3－3）。

图 4－3－3　技术与自然结合的创作

（四）整体性原则

室外环境设计的整体性原则就是要求从整体上确立室外环境的主题与特色，这是室外环境设计的重要前提。

在设计中，重点并非是具体形态的建筑或环境元素，而是一整套设计规则。

（五）可持续原则

室外环境设计的可持续原则需要我们善待自然与环境，规范人类资源开发行为，减少对生态环境的破坏和干扰，实现资源的可持续利用。

（六）生态性原则

在室外环境设计中充分体现出自然的美，对设计地块进行充分论证，在艺术创作的过程中保持地块及周边的植物、文化的原生性，避免过分人工雕琢。这种与生态过程相协调，尽量使其对环境的破坏影响达到最小的设计原则即是生态性原则。

通过室外环境设计来保持与恢复当地生物多样性特征是景观设计中生态设计的一个最重要内容。自然保护区、风景区、城市绿地是世界上生物多样性保护的最后堡垒，在设计过程中，更需要设计师理解生态性原则，尊重生态规律，进行生态环境的保护性利用。

（七）以人为本原则

在室外环境设计中，要全面贯彻以人为本的原则，要设计一些适合男女老幼参与的人文设施（图4－3－4），以体现关注弱势群体，树立相互关怀的思想。

图4－3－4　公共空间无障碍设计

二、室外环境设计的方法

我们对室外环境设计方法的介绍主要以基本流程的形式展开。

（一）项目准备

1. 室外环境分析

任何一个待设计的场地都需要设计者仔细地阅读，不同场地的自然条件和人文条件不同，其室外环境特征也各异。

（1）自然特征。即每个地方不仅会有自身独特的土地利用方式，有自身独特的岩体、水流等，还会有其独特的土地风俗、历史方面的印迹。这些有形的和无形的物质、精神特征被称为室外环境特征。一个地区的室外环境特征越明显、统一、完整、符合客观的审美标准，观察者所获得的愉悦程度就越高。

（2）人文特征。文化和地域的特色是室外环境设计的灵魂，对于文化的研究首先需要设计者潜心体验。

2. 收集资料

（1）现场调查。现场调查是室外环境设计程序的重要组成部分之一。在进行室外环境设计的现场调查时，应收集和掌握以下几方面的信息和资料。

①本地区的发展过程和本地区的总体规划状况。如相关的历史事件、发展模式、总体规划导向、规划的实施情况等。

②所涉及地段环境中的经济和社会情况。如开发的可能性和开发的潜力、公众的要求等。

③设计地段以及周围相关环境的具体情况。如气候、地形、交通、使用者的活动规律等。

④本地区的地方习俗、建筑的风格与特色。如本地的生活习惯、行为规律、建筑的体量与尺度、色彩与材料等。

（2）既有资料的收集。设计人员必须进行现场调查。只有通过实地调查，才能系统地了解和把握场地与周边环境的关系，直观地感受场地的环境特征。针对室外环境设计范围和尺度的不同，相应地对所需了解的范围和比例尺要求等也有所不同。

①基本测量规范。比例尺、指北针、风玫瑰、测量日期、测量精度

要求。

②基本测量要求。场地边界范围、坐标、高程变化（等高线）、场地面积、交通路径。

③自然条件。河流、池沼湿地、盆地、高台、林地轮廓、一定胸径以上的树木位置。

④人工条件。街道名称位置、车道、步道、街道中线、边界、高程、排水；建筑物（名称、功能、围墙、范围、层数、高度等）；构筑物（桥梁、码头等）；市政工程设施、管线、给水、排污、电力高压线位置和走向等。

3. 场地分析

（1）主要和次要室外环境特征。通过对场地自然条件和人文条件进行客观、完整的分析，可以发现并找出该场地的主要和次要室外环境特征。

（2）室外环境特征的保护、改变和强调。人类的生存活动必然会涉及自然生态环境。我们应在深刻认识、理解和分析自然环境特征的基础上，对其采取保护、改变或是强调，同时判断使用方式与室外特征之间的关联性。

（二）项目策划

1. 基本理念

（1）古典室外环境设计思想的融合。现代室外环境设计项目的设计理念对中西方古典艺术的优秀成分有所继承，并将之融合在一起，同一个室外环境空间内往往可以同时看到两种设计思想的痕迹。

（2）现代室外环境项目策划理念的发展。

①原生性。在可持续发展思想的影响下，现代室外环境设计项目策划强调原生风貌的体现，因此将对原生环境的保护放在第一位。不管是自然环境，还是历史建筑物，或是民俗风情，都是在漫长的历史过程中逐渐形成的，一旦毁坏将不可恢复。而保存完好的原生环境是人类的宝贵财富，对于体现环境多样化，丰富人们的旅游体验，具有特别的重要性。

②人本化。和古代室外环境空间往往为少数人服务不同，现代室外环境是面向全体公众开放的。与古代相比，现代室外环境设计项目策划更应强调以人为本，体现出对社会所有人群的尊重和对生命的关怀，处处充满人性化设计。

③高科技手段。现代科学技术的迅猛发展，产生了许多让人难以想象

的发明，这些科技成果也被运用在现代室外环境设计项目策划中，对丰富室外环境效果起到了很好的作用。

2. 常用手法

现代室外环境设计项目策划常用的手法主要有 3 种：情景模拟、文化展示、景观重构。

（1）情景模拟。情景模拟主要表示：将动漫、童话等想象中的世界经某一场景体现出来，让它变得更加形象化，变得可通过触摸和感知等方式获得更真实和深刻的体验。

①影视。通常来看，影视基地建设的目的是拍摄电影、电视作品，其实这就是对剧本情景的模拟。因为影视基地是电影场景拍摄地，有不少场景会在电影中出现的缘故，很多旅游者对其会很感兴趣。

②动漫。动漫是一种新型的文化方式，将动漫中的情景运用到室外环境设计当中来，是新兴的设计手法。

③童话。童话是一个非常取巧的题材，以场景展示国内外优秀的童话故事情节，是很多景区的设计手法，如拔萝卜、小白兔采蘑菇、白雪公主、灰姑娘、美人鱼等经典童话场景经常出现在现代旅游景区当中。

卡通化是从童话世界情景模拟发展而来的方法。卡通化不只是对具体情景的模仿，还是通过全方位的卡通设计营造的一种童话般的效果。

卡通是现代人生活必不可少的一个内容。卡通形象除了被小孩喜欢外，很多年轻人甚至是中老年人也对其喜爱有加。由此看来，卡通化也可被认为是现代室外环境设计的一种重要手法。

④科幻。人们充满对未知世界的向往和想象，这就是科幻产生的根源。通过室外环境设计模拟科幻著作中的场景，则给人更直接的体验。正如从童话世界模拟中可以发展出卡通化的设计手法，从科幻世界模拟中也可以发展出太空化、机械化等设计手法。

⑤传说故事。运用形象思维方法，将传说故事通过具体的室外环境设计项目表现出来。

（2）文化展示。文化展示指以特定的场所为载体，以特定的内涵为线索，主题超过具体的形态展示出来的一种室外环境设计方法。

①广场。广场最开始产生的原因是用于进行活动，但是现代广场设计愈来愈对文化和主题有所强调，使广场成为文化展示的一个重要场所之一。现代广场构建主题室外景观的手段有很多，如依靠舞台、运用喷泉等。

②博物馆。以实物方式提供知识展示的场所，是现代生活中文化休闲的重要方式，同时也是现代室外环境设计中的常用手法。

③动植物园。人类对动植物的喜爱很大程度上是从对大自然的爱好中延伸而来的。这里所说的动植物园也包括以海洋动物为主题的海洋世界、水族馆等。

④综合性生展示基地。利用多种场所进行综合性的文化展示，称为综合性展示基地。由于采用的展示手段比较丰富，能够给旅游者手富的感知。

（3）景观重构。所谓景观重构，就是为了进行室外环境设计，利用组合、模仿、移植、文化包装等方式，对现实室外环境进行的重构。

①组合。指将多种室外景观集中到同一地域，如深圳的锦绣中华，将全球、全国最有魅力的景观集中在一起，构成独特的组合景观，旅游者在这儿有机会实现全球一日游或全国一日游。集中的手段往往是模。

②模仿。一般而言，如果出现不能移植的状况，通过模仿（被模仿的室外环境空间多是非常著名的景观，以民族风情、异域风情等最为常见）也可以达到在此地了解异地景观的目的。这一手法在我国近代室外环境空间设计领域已有相关案例，如颐和园的苏州街、圆明园的西洋建筑等。模仿和移植彼此之间有时候区分不出来，如昆明的民族园，很难说它是景观的移植还是模仿。

③移植。指将甲地区的景观迁移到乙地区来。移植方式因为受技术、利益等方面的限制，通常不会大规模地使用。但是单体景观的移植还是经常使用的，如将农村用的水车、锄头等移植到城市的环境中来。

④文化包装。主题公园就是对传统游乐园进行文化包装的结果，现代室外环境设计中的文化包装，不仅仅运用于主题公园，也运用于自然风景资源、酒店、度假区等。

（三）项目设计

1. 总体方案设计

（1）功能分区图。功能分区图是设计阶段的第一步骤。

在此阶段，设计师在图纸上以“理想的图示”的形式，来进行设计的可行性研究，并将先前的几个步骤，包括基地调查、分析及设计大纲等研究得到的结论和意见放进设计中。

通常情况下，功能分析图是用圆圈或抽象的图形表示的，在初步设计阶段并非设计的正式图（图4－3－5和图4－3－6）。这些圆圈和抽象符号的布局是构建功能与空间理想关系的一种有效方式。

在制作理想的功能分区图的时候，设计者一定要注意以下几个方面的内容。

①功能空间是开放的还是封闭的。

②在不调和的功能空间之间，是不是需要进行阻挡。

③是不是每个人都有进入这种功能空间的一种或多种方法。

④什么样的功能空间一定要互相分开，以及彼此之间要有多大距离。

⑤如果从这一空间进入另一空间，是从中间还是从边缘通过，是直接还是间接通过。

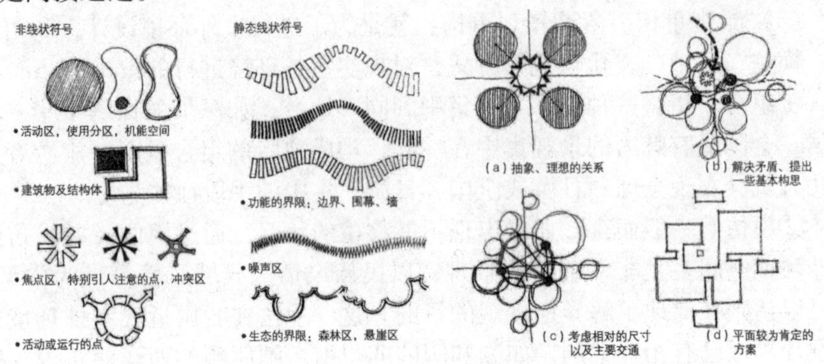

图 4-3-5　用圆圈或抽象的图形建立功能与空间的理想关系

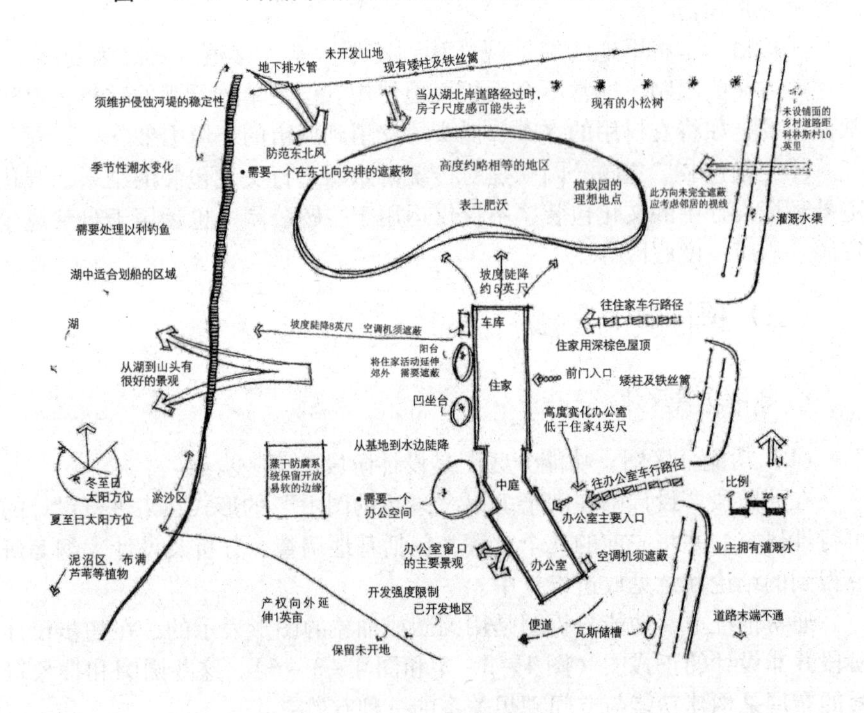

图 4-3-6　功能分析图

理想的功能分区图最好能将以下内容表达出来。

①一个简单的圆圈表示一个主要的功能空间。

②功能空间的进出口在哪一定要明示。

③功能空间彼此间的距离关系或内在联系。

④每个功能空间的封闭（开放）状况。

⑤从相异的功能空间可以看到哪些独特的景观。

⑥哪里有屏障、哪儿有遮蔽，这些最好标记明显一些。

（2）方案构思。构思是室外环境设计前的准备工作，是特别关键的一个环节。

①要先让其使用功能得以满足，可以尽量为地块的使用者创造、安排合理的空间场所。

②尽量减少项目对周围生态环境的干扰，尽量不造成当地生态环境的破坏。

（3）方案选择与确定。综合考虑任务书所要求的内容和基地及环境条件，提出一些方案构思和设想后，权衡利弊确定一个较好的方案或几个方案的优点集中到一个方案中，形成一个综合方案，最后加以完善充实成初步设计。

（4）方案完成。总体方案由说明书和总体设计图纸两部分组成。

总体方案设计要完成的图纸主要是部分立面图、功能关系图、功能分析图、方案构思图和各类规则及总平面图。除了图纸外，还要有一份文字说明，全面地介绍设计者的构思、设计要点等内容，具体包括以下几个方面。

①管理机构。

②功能分区。

③位置、现状、面积。

④工程性质、设计原则。

⑤管线、电信规划说明。

⑥设计主要内容（包括山体地形、空间围合、出入口、道路系统、建筑布局、种植规划等）。

⑦工程总匡算。在方案阶段，可按面积（km^2、m^2）、设计内容、工程复杂程度，结合常规经验匡算；或按工程项目、工程量，分项估算再汇总。

2. 总平面图设计

（1）总平面图的设计内容

设计总平面图的内容主要有：表现设计项目区的总体布局；用地范围、各建筑物以及室外环境设施与室外建筑位置、道路等相互协调的总体布局。具体来看有以下几点。

①功能分区图。

②交通分析图。

③绿化种植设计意向图。

④地面铺装设计意向图。

⑤室外环境设施设计意向图。

（2）总平面图需要考虑的问题

总平面图要考虑的问题如下。

①设计素材所使用的全部材料（木材、砖、石材等）、造型。

②画在图上的树形，应近似成年后的尺寸。在这一步，应经过仔细研析，确定植物的具体表现符号，如观赏树、高落叶灌木等都应予以确定。

③设计的三维空间的质量与效果涵盖各个元素的位置和高度，如树冠、绿廊及土山等（图4－3－7）。

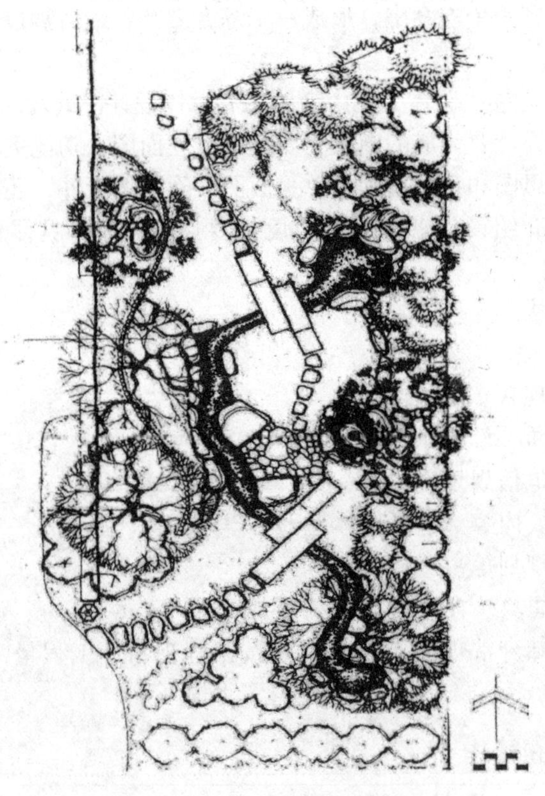

图4－3－7　某日式庭院总平面图

3. 详细设计

（1）方案扩初。方案设计完成后应协同委托方一起商议，然后依照商讨结果对方案进行修改和调整。一旦初步方案定下来，就要对整个方案扩初（即扩大初步设计），利用造型、色彩、材料表现等各方面进行详细的设计，形成较为具体的内容。

（2）项目概算。在施工设计中要编制概算，包括直接费用和间接费用。直接费用包括人工、材料、机械、运输等费用，计算方法与概算相同；间接费用按直接费用的百分比计算，其中包括设计费用和管理费。项目概算是以下几方面内容的依据。

①签订合同、实行工程总承包的依据。

②对工程成本进行分析、对工程进度进行检查的依据。

③购买材料、对造价进行把控、工程款项拨付的依据。

（3）施工图。施工图是将设计与施工连接起来的环节。具体是指：用图纸将设计中的所有部位明示出来，指导施工单位进行施工。

图纸包括施工平面图、地形设计图、室外景观建筑施工图等。其不仅要明确各部位的名称，还要将各部位的尺寸、材质标出来，并给出相应的构造做法，目的是让施工人员可以更好地按照图纸施工。

施工图配合主要有 3 方面的工作内容。

①在向业主提交所有的施工图后，设计师应该向施工人员解释所有施工图纸，让施工人员能清晰地理解设计图纸的意图，在施工中能正确施工。

②在施工过程中，设计师需要定期去查看施工现场的施工工艺和施工材料的选用，对施工效果进行评价，以便及时发现施工中的不足并给予纠正。同时若现场出现问题，设计师也应该及时予以解决。

③在所有施工完成后，设计师须到现场会同质量检验部门和建设单位一起进行竣工验收。

第五章　室外环境设计原理

本章从室外空间设计、界面设计、环境景观设计、照明设计以及标志性系统设计等五个方面对室外环境设计的原理进行剖析，并适当引用案例，使读者能够从理论与实践两个层面去理解和认知室外环境设计的原理。

第一节　室外空间设计

一、空间的概念

外部空间主要是由人为了达到某种目的而创造的外部环境，是一种比较自然和有意义的空间。纵观历史发展的进程来讲，很多有魅力的城市不仅仅是因为其有很多优美的建筑，同时还因为它的外部空间具有非常吸引人的亮点，对于一个城市来讲，要能够吸引不同层次的人，为人们提供各自场所的活动场所与空间。

此外，人们还需要有积极意义的室外空间进行社会交往，这些空间可以是公共的或是半公共的，它们丰富了城市生活，为人们的行为提供了场所，也丰富了城市的景观。

中国古代哲人老子有一句话：“埏埴以为器，当其无有器之用。凿户牖以为室，当其无有室之用。是故有之以为利，无之以为用。”就是说，捏土造器，其器的本质已不再是土，而是在它当中产生的“无”的空间。此语十分精辟地道出了空间的本质，空间是和实体相对而言的，是由一个实体同感觉它的人之间产生的相互关系所形成（图 5 – 1 – 1）。室外空间亦是如此，日本著名的建筑师芦原义信在《外部空间论》一书中解释了外部空间的含义：“外部空间是从自然当中限定自然开始的，是从自然当中框定的空间，与无限伸展的自然是不同的，外部空间是由人创造的有目的的外部环境，是比自然更有意义的空间。”这说明外部空间是人有意识的创造活动，借助不同的实体要素的组合和变化，人们可以得到丰富精彩的外部空间，在其中完成沟通、交往、集会等社会活动，并在与空间的对话中得到了心理的满足和情感的愉悦。

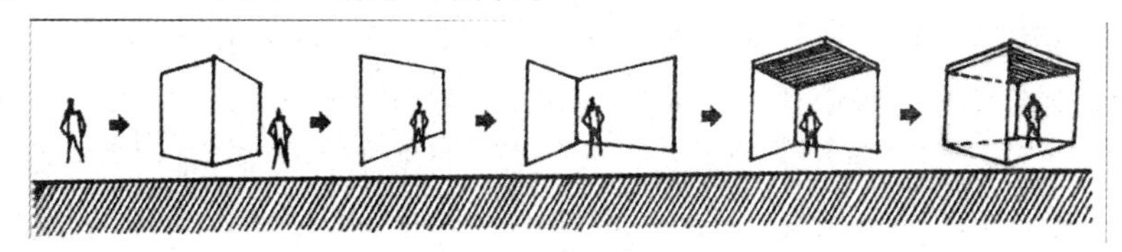

图5－1－1　空间从无到有是人类有意识创造的过程

外部空间的感知在一定程度上主要是依靠对形成空间的实体把握，这也是由外部空间的开放性、流动性以及模糊性特征决定的。这也正是外部空间设计的另一个核心所在，在某种程度上讲，外部空间设计就是创造这种有意义空间的技术。

这种建筑形式被相对固定的框框所包围，从外部到内部之间有严格的包围，逐渐走向秩序化，这种在特定的范围内创造出的满足人意图和功能的积极空间中，相对来讲会给人一种无限延伸的离心空间感，我们也可以将其看作消极空间，积极空间和消极空间之间的相互转换也就是我们进行设计的过程。通过有目的的空间转换，得到理想的外部空间（图5－1－2）。

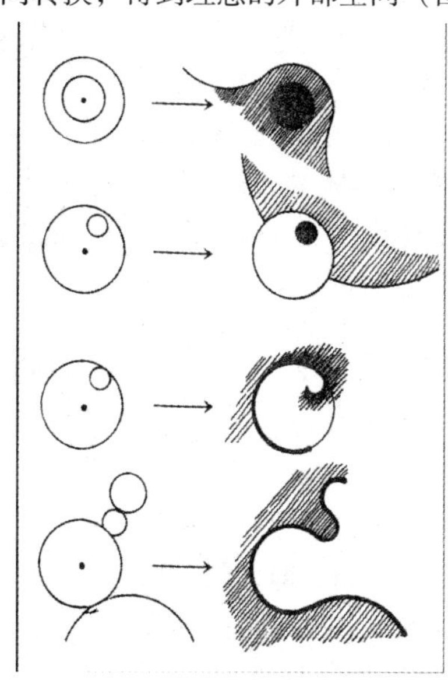

图5－1－2　空间是开外的、流动的，积极和消极也是相互转换的

从另一个角度来讲，人们对于外部空间的需求不能仅仅停留在生活需求的层面，而是要有更高层次的精神需求。在不同的历史时期以及生活背景之下，人们的生活追求和理解层面是存在较大差异的，在不同的生活时期的认知程度也存在比较大的差异。在更多的时候，人们对于某一空间会寄予比较丰富的情感依托，比如现存的安徽黟县宏村月沼，经历了千百年的岁月而不衰，其魅力就主要来源于月沼自身所蕴含的丰富的精神文化和场所寄托。单单是一池绿水是不可能有这么大的吸引力的，但是从精神文化和历史文化的层面上来讲，融入了文化、生活的精神内涵，就成了精神的载体，使其外部空间上升为精神存在的物质载体，构成了人们所需要的场所感。

二、空间的构成

外部空间的构成形态包括其实体部分、基面、开放空间部分、构筑物、植物等，其中实体部分和基面可以统称为外部空间的界面。在行为科学和场所理论受到重视后，很多人认为人的活动也是建筑外部空间的要素之一。“界面”和“开放空间”是外部空间构成的两个基本物质要素，它们相互依存，是“有”和“无”的关系，是“实体”和“虚空”的关系。开放空间既然是“无”、是“虚空”，它往往只能被人们体验；而界面是“有”，是“实体”，就能被人们的感官所感知。界面的设计对于外部空间的效果具有重要作用（图5－1－3）。

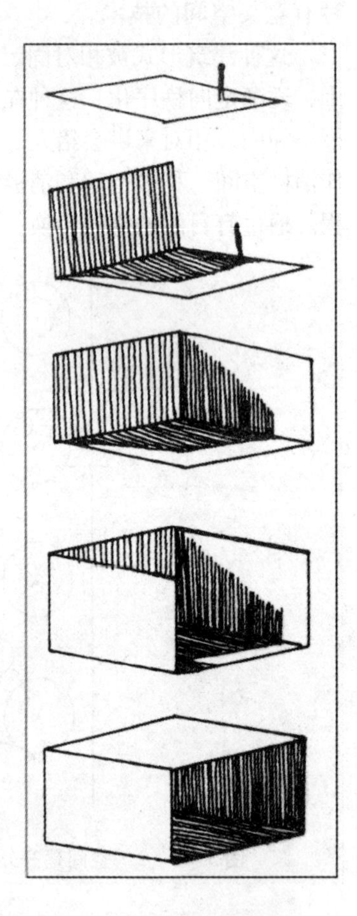

图5－1－3　空间的构成

外部空间既然是从自然界框定的空间，界面就包括其四周的界定（实体部分）和地面（基面）情况。例如，街道、建筑、构筑物、植物等通过有组织的布局，即可限定出有意义的外部空间。日本学者田村明在《都市与雕塑》一文中曾把城市空间比喻为一个大房间，于是，天空就是顶棚，街道或广场的基面就是地板，周围的建筑物就起墙壁的作用。这里的“墙壁”和“地板”根据其形态、质感、色彩的不同而具有不同的个性和风格，建筑物的不同功能可供多种人活动，亦为公共空间增加生气。作为天棚的天空，也随着风土和气候的变异而各具特色（图5－1－4）。

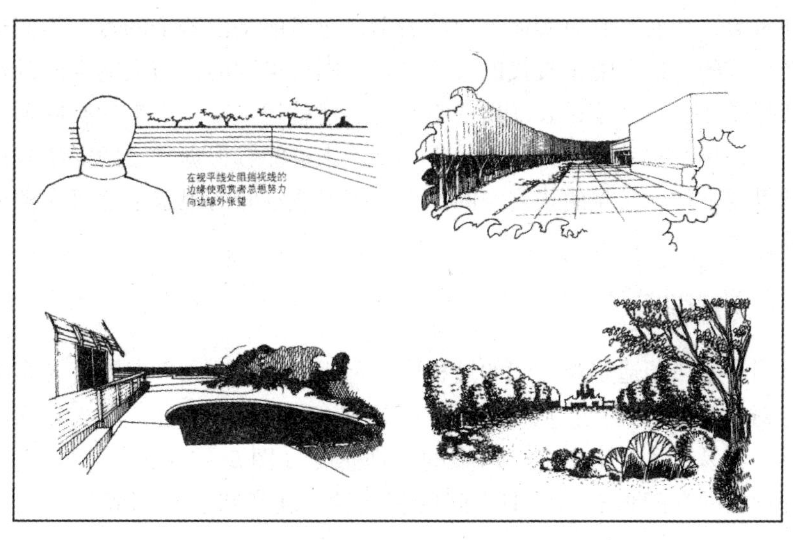

图5－1－4　外部空间设计实例

但是外部空间的获取是人为的，也是为人的，是人为了一定的目的，使用不同的设计手法，在原空间（大自然、宇宙空间）进行领域的设置（包括行为、心理、视觉等方面的限定）。人是外部空间的主角，也是不可或缺的构成要素，是人的存在及活动赋予外部空间活力和意义。挪威著名的建筑理论家舒尔茨认为建筑现象是环境现象的反映，而环境现象应该包括自然环境、人造环境、场所三个方面。“场所精神”（Spirit of place）是舒尔茨理论的核心，场所是自然环境和人造环境组成的有意义的整体，场所不仅具有物质形态，更重要的是蕴含着精神上的意义，这种场所精神是历史和文化的积淀，也是人类活动的再现，比空间本身有着更为广泛和深刻的意义。因此，在外部空间的设计中必须将人的活动和需求作为重要的因素加以考虑和体现。

三、景观空间的基本形态

景观空间的形态主要取决于实体部分和它们之间的构成方式。我们可以将整体场地看成一个大的“底”，将场地中各种建筑物、构筑物、植物等实体看成“图”，当将“图”的形状、大小、聚散等进行不同的组合布局时，就会形成不同的“图形”，同时也会在场地的“底”上留下很多不同形状的空白，即不同的外部空间或景观空间，为人们的户外活动添加了必要的场所。因此景观空间的形态是多变的，它可能是与实体限定要素的界面重合，从而具有该实体界面的表情，也可能是由若干的点、不同形状的线构成的，也可能是直接的实体延伸、围合得到的，当表达空间的形式语言越具体、越连续，表现出的空间的表情就越生动，产生的空间形态就越清晰，场所感就越强，从而使得不同的人群能够根据自己的需要找到适合的景观空间。常见的景观空间形态根据形成空间的限定手法可大致分为三种。

（一）围合

围合指在塑造景观空间的过程中，利用水平界面和垂直界面（多为虚面）对空间进行处理，从而使得空间具有容器的某种特征，给人较强的领域感，容易让人产生相信、内聚的心理感受（图5－1－5）。围合空间是一种积极的空间形态。所谓空间的积极性，就意味着空间满足人们的意图，或者说有计划地确定外围边框并向内侧去整顿秩序的做法。围合空间就是这样的积极空间，通过有目的的实体围合来实现某种实际的空间效果，为人们所感知、使用。

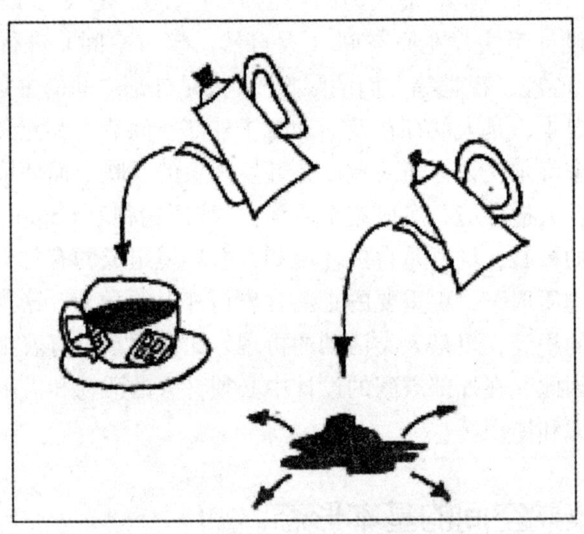

图5－1－5　空间设施的计划性如同杯中倒水

形成围合的空间要素有很多，如墙体、植物、景观构筑物等，围合界面的虚实程度对空间的封闭感、形态是否清晰有着很重要的决定作用。其界面越连续、越实、面数越多，空间形态就越清晰，越能给人强烈的闭合感和安全感（图5－1－6）。

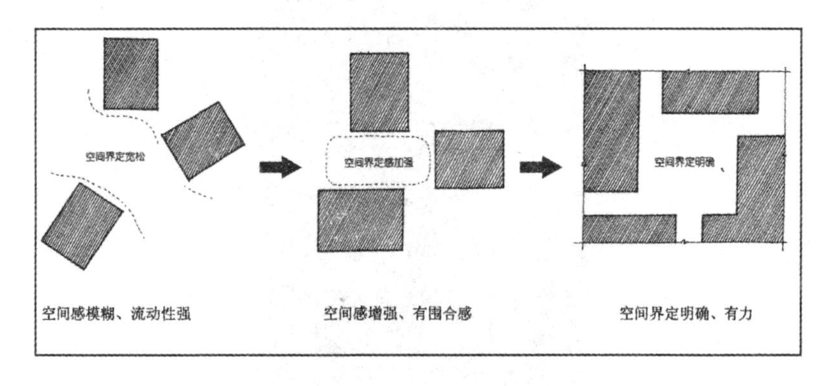

图5－1－6 围合空间

（二）向心

向心是指当某一实体以一种特定的方式出现在空间中，它们会占领一定的空间，成为空间中的中心，并向四周扩散、辐射，其体量越大、形体越独特，形成的空间形态就越明显，向心力就越强，越容易形成一个具有凝聚力的向心性的景观空间。反之，若空间中扰乱的其他形象在附近出现时，就会破坏整体空间的中心，削弱其向心性（图5－1－7）。人们最初想到向心性空间与纪念性活动有关。所谓纪念性，即是空间中有一个比其他形象更鲜明的孤立东西，如碑或塔一类的建筑，以高度垂直的形态和包围它的空间形成的（图5－1－8），当主体建筑和周围环境的形象共同取得均衡而美观效果时，其纪念性就会越发唯一，纪念质量就会越高。

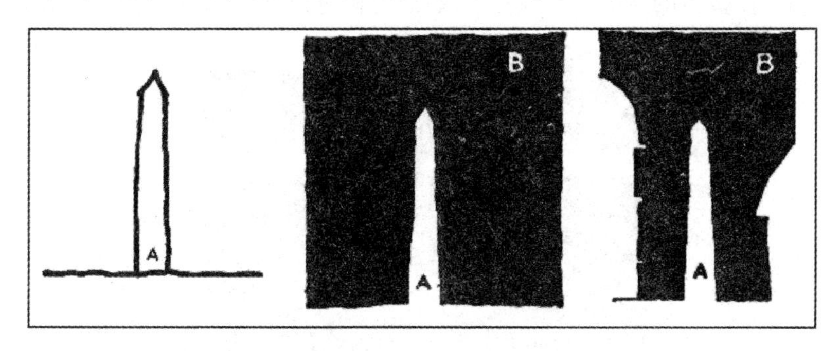

图5－1－7　向心性空间

图5-1-8　威尼斯圣马可广场上的方尖碑

威尼斯圣马可广场上的方尖碑就是一个经典的范例。高耸的纪念碑、醒目的色彩、独特的造型，在与周围环境取得和谐、均衡的同时，又以其特有的气质屹立在广场之上，成为整个空间的中心和重点。

（三）界面变化

当形成空间的界面出现变化时，其空间形态也会随之发生变化，水平界面和垂直界面的变化都会形成不同形状的景观空间。常见的有以下几种：

1. 下沉与抬高

当局部水平界面的高度向下或向上变化时，就会形成下沉或抬高的空间形态，在整体的空间统一形态中划分出相对独立的空间，给人丰富的空间层次感和良好的景观感受（图5-1-9）。

图5-1-9　上海静安寺下沉广场给人安静的感觉

2. 凹凸与穿插

当垂直界面的相互位置出现前后变化时，就是有凹凸的空间形态出现，空间的凸显和私密性也随之增加，而穿插是水平界面和垂直界面同时发生变化，在空间中交错组合在一起，随之产生相互穿插、交织的空间形态（图5-1-10）。

图5-1-10 凹凸与穿插并用，空间变得生动、富有活力

3. 虚实与渗透

就空间本身而言，其虚实是相对的，当空间界面本身和相互关系变化时，空间形态的虚实就会出现变化。也可利用空间形态的虚实变化这一手法营造空间层次和魅力。而渗透是虚实的进化，是界面之间出现有意识的虚实和相互联系、叠加，从而带来更为深远的空间意境（图5-1-11）。

图5-1-11 形的虚实变化和材质的渗透将不同的空间联系在一起

四、景观空间的尺度与体验

尺度与物体的具体尺寸和比例紧密相连，比例是空间中各要素本身和相互之间在大小、高低、长宽等数字上的关系。比例是控制整体空间效果的一个重要原则，只有各要素之间有了恰当的比例关系，才能取得总体比例的协调。在设计中，比例一直是备受关注的问题。建筑大师勒·柯布西埃就提出了一个由人的三个基本尺寸，借助黄金分割而引申出来的一系列比例关系，用以指导设计实践。而尺度是指空间的整体或局部要素与某个单位（这个单位大多指人，也可以是与人活动有密切关系的物）相对的比例关系，这种关系并不一定用数字表示，有时是经验和审美的概念。比例和尺度两者有相同之处，但也不完全一样，相同比例的整体或局部在尺度上可以是完全不同的。

尺度概念的引入，体现了对景观空间中的活动主体——人的感受的充分关注，我们先看看人与人之间的距离空间的变化对人们行为体验的影响。人类学家霍尔将人际距离概括为四种：密切距离、个人距离、社会距离和公共距离。

密切距离指 0—0.45m，小于个人空间，适合十分亲密的人际关系，可以产生愉悦的体验，而在其他情况下就会引起不快。

个人距离指 0.45—1.20m，与个人空间基本一致，适合亲属、师生、密友等人际交流，可以给人亲切、友好之感。

社会距离指 1.20—3.60m，是商业活动和社会交往惯用的尺度，适合公开场所的人际交流，让人感觉平和而放松。

公共距离指 3.60—7.60m 或者更远的距离，这主要指在一些大型的公共活动和场景中的人的活动距离，适合演讲、集会、观赏等社会性活动，人们相互之间的关系变得疏远。

同时人在空间的活动尺度体验与具体的设计也有关。空间是三维的，人们观察周围景物的大小总是基于一定的距离，而透视现象使同一景物的大小在人们眼里的影像随着距离的变动而变化，遵循近大远小的规律。景观空间中当周边的实体高度（H）高于人的视平线时，会对人们所感知的空间形成一定的围合，这种围合感所营造的空间氛围与空间的平面直径（D）与实体高度（H）的比值有关。当 D/H 的比值在 1～3 的时候，空间感受比较封闭，有私密性，给人以安全感；当 $3 \leqslant D/H \leqslant 6$ 时，会使人感觉景物亲切，观赏性很高；当 $D/H \geqslant 6$ 时，随着比值的逐渐增大，会使人产生空旷、深远之感（图 5－1－12）。良好的尺度感营造是景观设计中的关键，很多优秀的设计在尺度上都有着独到的处理手法。我们在设计时应该按预想的空间氛围来设计相应的尺度空间、围合物以及主要景物，以营造合宜的景观空间，建立良好的尺度感，给人带来理想的空间体验。

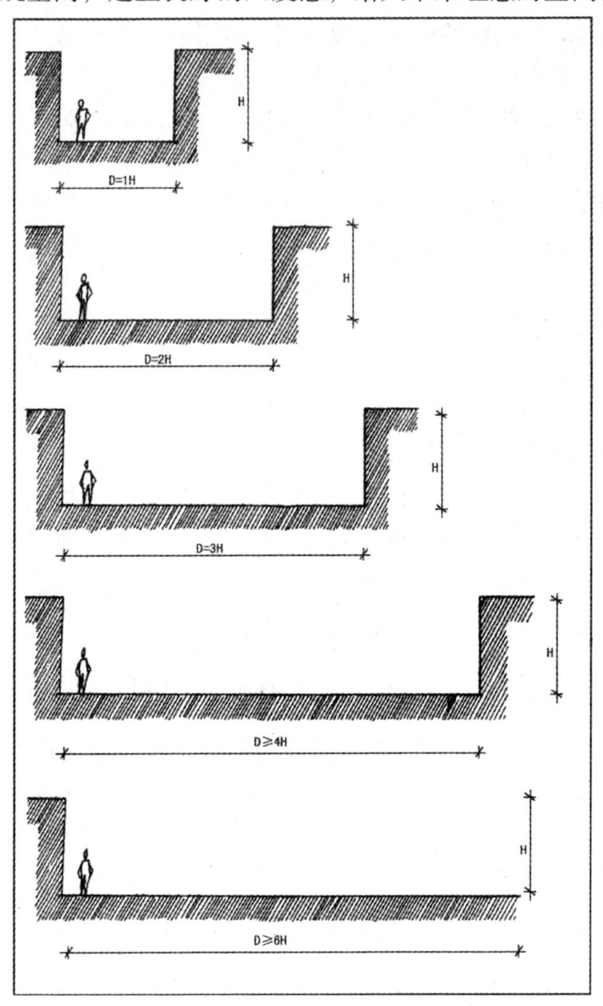

图 5－1－12　空间 D/H 比变化时，空间的实际感受随之变化

五、城市公园设计

城市公园是供公众游览、观赏、休憩、健身，开展科学文化、交流等活动，有较完善的设施和良好的绿化环境的公共空间，是城市绿地系统的有机组成部分。

作为城市重要的公共开放空间，公园不仅是城市居民的休闲游憩活动场所，也是市民文化的传播场所。城市公园的类型包括综合性公园、居住区公园、居住小区游园、带状公园、街旁游园和各种专类公园等。诞生于美国城市公园运动的纽约中央公园是现代城市公园的起源。

城市公园具有防灾救灾功能、社会功能、文化教育功能、经济功能、生态功能等多方面的价值。美国的拉特里奇（Albert Rutlege）在《公园解析》一书中指出公园应具备 7 个特点：

（1）满足功能要求。

（2）符合人们的行为习惯。

（3）创造优美的视觉环境。

（4）创造合适尺度的空间。

（5）满足技术要求。

（6）尽可能降低造价。

（7）提供便于管理的环境。

20 世纪末期出现的现代观念园林公园是以生态、休闲游憩和文化教育功能为主要目的的开敞的城市公共空间，也是展现各种地域特色、历史文化风格和时代观念、文化理想的文化场所。20 世纪出现了诸多特色鲜明、表现文化理念和内涵的现代观念园林。

（一）解构主义作品——拉·维莱特公园

20 世纪 80 年代由解构主义大师伯纳德·屈米设计的巴黎拉·维莱特公园，以解构主义的手法对园林理念进行全新的阐释，表现了设计师对连续的、和谐的秩序等传统建筑美学原则的质疑。公园的布局及景观元素由三个层面的要素叠加在一起获得。这三个层面分别以点、线、面为元素主题，自成系统，互不关联。通过叠加获得的复合形态，构成了公园的最终形象。设计师试图以反中心、反统一的分离战略，采用片段、叠置的手法，来消除空间的整体感，突出景观要素之间动态的抽象化的形式表达，以获得全新的反古典建筑秩序的、无逻辑的景观布局与形象。但由于其几何化的生成手法，最终获得的景观效果依然体现了一种和谐的理性秩序，并未获得想象中的反传统效果。然而，作为一种理念的实验作品，它构成了一种具有文化意义的景观形式，传达了独特的思想价值和具有创新意义的文化观念。这种创新和对空间形式的积极探索，使该公园成为在公共空间的创造及功能方面新思想的分水岭。建成后的公园树立了新的文化观念的表达方法，同时表现出对传统文化和美学形式的继承和发展，成为现代景观艺术的标志性作品之一（图 5－1－13、图 5－1－14）。

图 5－1－13　节点空间实景图

图 5－1－14　公园实景图

（二）工业遗址有机更新设计——杜伊斯堡北区公园

杜伊斯堡北区公园建立在工业历史遗址之上，是工业遗址有机更新设计的杰出代表作。设计师彼得·拉茨（Peter Latz）的设计思想理性而清晰，最大限度地保留了工厂的历史信息，利用了原有的一些工业废料来对整个公园进行景观的重塑，不仅减少了对新材料的需求，在一定程度上节省了资金投入，经过长时间的不懈努力，这个废旧的钢厂被改造成一个占地 230 公顷的综合休闲娱乐公园，与之相关的很多项目在之后的几年中也逐步完成，最终形成了现实生活中城市工业废弃场地的文化转型。

（1）对现有建筑物进行创造性的利用与改造。设计方案对原有场地尽量避免大幅度改动，并加以适量补充，使改造后的公园所拥有的新结构和原有历史层面清晰明了。

（2）用生态方式与技术对场地进行更新设计与环境整治，并加以整合。如用生态的手段处理原有破碎的区域：首先，工厂中的构筑物都予以保留，部分构筑物被赋予新的使用功能，工厂中原有的废弃材料也得到尽可能的利用；其次，工厂中的植被均得以保护，荒草也任其自由生长(图5－1－15、5－1－16)。

（3）水的循环采用科学的雨水处理方式，达到了保护生态和美化景观的双重效果。(图5－1－17)

图5－1－15　用铁板铺成的“金属广场”

图5－1－16　对原有工厂设施等要素的重新利用与景观整合

图 5－1－17　利用原有建筑和循环水系统建造的水园

六、居住区环境设计

（一）居住区环境的空间布局

1. 各类设施布局

（1）居住区的公共服务设施、交通设施、教育设施、户外活动场地、市政管理设施的布局应该以满足便捷的服务距离为原则，同时使居民有更多的选择为目标。

（2）各类公共服务设施宜根据其设置规模、服务对象、服务时间和服务内容等方面的服务特性在建筑平面及空间上组合布置。

（3）各类交通设施的布局既应依据居民出行的方便程度进行安排，又要从保证居住区的安静、安全和环境质量的角度考虑它布局。

（4）各类教育设施应安排在居住区内部，与居住区的步行和绿地系统相联系；中小学的位置应考虑噪声影响、服务范围以及出入口位置等因素，避免对居民的日常生活和正常通行带来干扰。

（5）各类户外活动场地应与居住区的步行和绿地系统紧密联系或结合，其位置和通路应具有良好的通达性。幼儿活动场地应接近住宅并易于监护幼儿，青少年活动场地应避免对居民正常生活的影响，老人活动场地宜相对集中。

2. 道路布局

（1）居住区的道路布局应以居住区的交通组织设计为基础，根据需要，因地制宜考虑人车分行的可能。

（2）居住区的道路分布在一定程度上来讲是整体设计结构的框架，应该在满足居民出行和通行要求的前提下，进一步考虑其对居住区环境空间层以及形象特征的构建与重塑。

（3）居住区在进行道路布局的时候应全面遵循分级布置的原则，并且与居住空间融合。

（4）居住区道路的布局时一定要先考察周边的环境，熟知周边环境之后再按照周边道路的性质、等级以及交通组织情况进行布局，这样做的目的就是使居民方便出行，减缓对城市交通造成的影响，为当地经济的开发奠定良好的基础。

（5）居住区的道路布局还需要考量其他自然环境因素，使建设布局尽量不破坏周边环境。

3. 绿地布局

（1）居住区绿地应形成系统，达到景观共享、自然与人工相融的目标。

（2）绿地系统宜贯通整个居住区各个具有公共性的户外空间，并尽可能地通达至住宅。

（3）绿地系统应与居住区的步行游憩系统结合，不宜被车行道路过多地分隔或穿越，不宜与车行系统重合。

（4）绿地系统的布局应将居住区的户外活动场地纳入其中，两者的布局应该紧密结合。

（5）绿地系统的布局应考虑居住区形象特色的塑造。

（6）绿地系统的建构与布局应充分考虑居住区生态建设方面的要求，充分考虑保持和利用自然地形和地貌。

4. 居住区空间构成与景观设计

（1）居住区的生活空间一般可分为私密空间、半私密空间、公共空间和半公共空间四个层次。

（2）在居住区中的各种层次生活空间构建还需要遵循另一个重要原则，即逐级之间衔接布局的原则，在衔接的时候还要将衔接点处理好，保证层次生活空间具有比较完整的活动领域。

（3）在居住区各个层次的生活空间的营造过程中，我们需要考虑其不同层次之间的空间尺度、围合程度以及通达性。要想私密性变得强一些，需要尺度相对变小，围合感需要加强一些，通达性需要减弱，从这个角度来讲，我们需要特别注意的就是半私密的住宅院落空间的营造，这样做的目的就是进一步加强住户与住户之间的交往。

（4）居住区的空间在一定程度上应该从建筑的高度与布局入手，对各层次外部空间的衔接、布局以及用途与尺度之间应有比较明确的认知，街道的格局与建筑的格局、形式之间应具有比较严格的景观组织，特别是应考虑到沿道路行走时的景观变化和特征表现，最大限度地塑造出具有可识别性的居住空间景观。

（5）居住区空间景观在构成方面应进一步考虑到居住区周边城市空间景观的状况及设计，并且将居住区的景观空间设计系统纳入整个城市或者地区中。

（6）塑造居住区空间景观时要重点考虑其自身应注重的历史和文化传统积淀，全面关注在这种影响下所形成的城市空间格局对居民生活具有什么样的意义，以及居住区空间环境与传统文化内涵之间的关系。

（7）居住区空间景观的构筑应充分考虑居住区内外现有的自然环境，在保持合理利用的原则下，将居住区内外的自然景观纳入居住区空间景观结构中。

（二）居住区道路设计

1. 居住区道路景观的功能

（1）道路具有明确的导向性，道路中运输的是车辆和人员，这时候我们就要根据现实情况，将道路两侧的环境进行良好的设计，道路边的绿化种植以及路面色彩在进行选择的时候应进一步遵循韵律感。

（2）在满足交通需求的同时，道路可以形成重要的视线走廊。从这个角度来讲，一定要对道路设计中的近景和远景进行设计，目的就是强化视线集中的观景。

（3）休闲性人行道、园道两侧的绿化种植要尽可能形成绿荫带，并串连花台、亭廊、水景、游乐场等，有序展开休闲空间，增加环境景观的层次。

（4）居住区内的消防道与人行道、院落车行道合并使用的时候，可以设计成隐蔽式的车道，也就是在大概 4m 宽的消防车道内种植一些不妨碍消防车通行的道路，这样做的目的是弱化消防车的生硬感，增强环境与景观的效果。

2. 居住区景观道路的类型

众所周知，在进行观景道路设计的时候，要注意车行道与人行道的区别，但是这两种道路中车行道几乎承担了整个小区的交通功能。步行道则作为备用地或者是户外运动场地的内部道路，具有休闲功能。

居住区的道路根据用地规模、路网结构，一般可以分为四级：居住区级道路、居住小区级道路、居住组团级道路和宅间小路。

3. 居住区道路景观设计的原则

（1）居住区（小区）的内外联系道路应通而不穿、安全便捷，既要避免往返迂回和外部车辆及行人的穿行，又要避免对穿的路网布局。

（2）道路的布置应分级设置，以满足居住区内不同的交通功能要求，形成安全、安静的交通系统和居住环境。

（3）应满足居民日常出行以及区内商店货车、消防车、救护车、搬家车、垃圾车和市政工程车辆通行要求，并考虑居民小汽车通行需要。

（4）区内道路布置应满足创造良好的居住卫生环境的要求，区内道路走向有利于住宅的通风、日照。

（5）应满足地下工程管线的埋设要求。

（6）在地震强度低于六度的地区，应考虑防灾救灾要求，保证有通畅的疏散通道，保证消防救护和工程抢险队等车辆正常出入。

（7）在旧城改建地区，道路网规划应综合考虑原有地上地下建筑及市政条件和原有道路特点，保留和利用有历史文化价值的街道。

（8）区内道路网的设计应有利于区内各种设施的合理安排，并为建筑物、公共绿地等的布置以及创造有特色的环境空间提供有利的条件。

（9）区内道路布置应有利于寻访、识别街道命名编号及编排楼门号码。

4. 道路设计的规定

（1）居住区内主要道路至少应有两个方向与周围道路相连，其出入口之间的间距不小 150m。

（2）小区内主要道路应有两个对外联系的通路出入口。

（3）当居住区的主要道路（指高于居住级的道路或道路红线宽度大于10m的道路）与城市道路相交时，其交角不小于75°。

（4）居住区内应该设置为残疾人通行服务的无障碍通道，通行轮椅的坡度宽度不小于2.5m，纵坡不大于2.5m。

（5）尽端路的长度不宜超过120m，在尽端处应设12×12m的停车场地。

（6）地面坡度大于80°。时应辅以梯步，并在梯步旁边设自行车推行车道。

5. 停车位指标

停车场（库）的出入口设置必须按国家标准《汽车库设计防火规定》中有关规定执行。停车车位数大于50辆时，应设置2个出入口；大于500辆时，应设置3到4个出入口，出入口之间的净距必须大于10m。

车辆双向行驶的出入口宽度不得小于7m，单向行驶的出入口宽度不得小于5m，且应有良好的通视条件。停车库出入口应后退道路规划红线，且不应小于10m。停车场（库）内部主要通道，车辆双向行驶的宽度不得小于6m。自行车停放车位尺寸为2.0×0.6m/辆，小汽车停放车位尺寸为：5.5×3.0m/辆。

（三）居住区景观绿地设计

居住区的绿地设计对于城市绿地设计之间具有非常有益作用，居住区景观绿地的数量与质量在一定程度上能够衡量居住区环境的好坏，居住绿地在一定程度上也能够为居民提供比较好的室外生活游玩空间，植物种植不仅能够创造比较优美的绿化环境，并且还能够全面改善居住地的小气候和生态环境，这对建筑绿地设计具有非常重要的促进作用。

1. 居住区景观绿地的功能

在居住区的景观中绿地主要有两种功能，第一种功能里全面构建居民户外居民在户外活动中所需要的一些体育活动或者生活空间，另外一种功能就是创造自然环境，需要利用一些现有的自然环境诸如树木草地、水体、花草等，来创建美好的户外环境，同时公共绿地还能够起到防灾的作用。

（1）植物造景——乔、灌木及地被植物的合理搭配，能有效美化环境，并通过树群、树丛、孤植树等种植手法达到植物造景的目的。

（2）组织空间——通过植物的围合、行植来围合及分割空间，并和建筑、场地等一起来组织空间。

（3）遮阳及降温——植物种植在路旁、庭院、房屋两侧，可在炎热季节起到遮阳、降低太阳辐射的作用，并能通过水分蒸发降低空气温度。

（4）防尘——地面因绿化覆盖，黄土不裸露，可以防止尘土飞扬。

（5）防风——迎着冬季的主导风向，种植密集的乔木灌木林，能防止寒风侵袭。

（6）隔声降噪——为减少交通、人流对居住环境的噪声影响，可通过适当的绿地设计达到隔声降噪的效果。

（7）防火——绿地空间可作为城市救灾时的备用地。

2. 居住区景观绿地设计的原则

（1）居住区基地内原有的绿地和大树应尽量保留利用。

（2）居住区公共绿地的布局应该在设施之初就进行平面规划，并且规划的时候要统一考虑，居住区的级别以及该绿地能够服务的居住半径，方便居民使用，结合住宅组团以及住宅间绿地所形成的点线面组合系统。

（3）在进行公共绿地建设的时候还应该考虑一个重要的因素就是使用者的年龄，按照他们的运动特点和运动习惯安排和布置相应的场地，留出足够的运动空间。

（4）植物是绿地构成的基本要素，植物的种植不能仅考虑其绿化和美化作用，还要考虑其围合户外活动场地的作用。植物的种植与栽培应与当地的气候和环境相适应，进而打造具有不同特色的居住区以及相应的景观。

第二节　界面设计

一、水体设计

水是生命之源，人的生活离不开水。水的比热大，是调节气温、稳定气温的重要物质。植物白天的蒸腾作用使水分蒸发流失，既能调节空气温度，也能改善小气候温度。水具有净化环境的作用，同时在更多情况下，水与山石、植物等共同形成美好的视觉环境和良好的生态环境，最后形成宜人的人居景观环境。中国景园素有“有山皆是园，无水不成景”之说，也就充分说明了水体在景观设计中的重要地位。

（一）水在室外环境设计中的功能

水体作为景观设计的重要元素，不仅营造出一种意境，而且在景观中还兼有基底、系带、焦点、空间分割的作用。

1. 基地作用

大面积的水面会使人感受到视野十分开阔，即带来美学上的开阔感，站在一片水面上，凉风袭面，使人心旷神怡，感觉到心情舒畅。从远处看，好像整个景物被托浮在水面上，岸上景物在水面上投下一片倒影，更显得楚楚动人。因此，大面积的水面有托浮岸畔和水中景观的基底作用。有时水面并不算很大，但水面在整个空间中仍具有独立面的感觉时，水面可作为岸畔或景观的基底，产生倒影，扩大和丰富空间（图 5－2－1）。

图 5－2－1 水体的基底作用

2. 系带作用

水是流动的物质，它的连续性形成了一个系带，将景观空间中散落的景点连接起来产生整体感，起到统一的作用。通常穿过城市的河流都能起到很好的连接作用，包括人工河道、运河等。

在一大片繁杂的室外环境中设计一池碧水，这是“闹中取静”的境界，也往往成为景区的一个焦点。相反，在景区中设计喷涌的喷泉、跌落的瀑布等动态形式的水景，这是用“静中有动”的方式，以其形态和声响

吸引人们的视线，用于调节过于寂静的空间（图5－2－2）

图5－2－2 跌水作为视觉焦点

利用水面对空间进行划分不仅能够给人一种相对真切的自由感和亲切感，而且在设计手段和方式上也比生硬的组合显得更有档次感和层次感，不仅能够给人视觉上的享受，而且在视觉设计和实用性上也比较突出，从另一个角度上来讲，利用水面只是从平面上进行限定和分割，所以在一定程度上能够保证视觉的连续性和渗透性，水面的界定和分割还能从改善环境和局部空气湿度上给人一种舒适的体验，对于整体环境的改善具有非常明显的作用，达到最佳的艺术渲染效果。

（二）水体的类型与特性

水是液态的，没有固定的形态，根据其存在的形态和运行方式归纳为几种基本类型，可以据此比较掌握水体造景的应用方法和规律。

1. 平静水体

平静的水体指室外环境中的静态水体，也称止水，从其容积和形态上分为规则式水池和自然式湖塘。平静水面一般以湖、池、潭等形式出现。平静水面是相对而言的，只是它本身的无声、宁静、祥和、明朗给人的视觉、听觉的主观感受。实质上，它更富于动感，蕴涵着丰富的意境和无限的生命力。首先，由于其平静的表面，能反映出周围物象的倒影，增加空间的层次感，给人以丰富的想象力。其次，在色彩上，平静水面能映射出周围环境的四季景象，表现出时空的变化；在微风中，平静水面产生的波纹与层层浪花表现出水的动感；在阳光下，水产生倒影、逆光、反射等，使水面变得波光晶莹，色彩缤纷。静水的出现，给景观带来斑斓光影与无限动感。创造出“半亩方塘一鉴开，天光云影共徘徊”的意境（图5－2－3）。

图5－2－3　平静水面倒影成景

2. 流水

所谓流水，主要指自然溪流、河水和人工水渠、水道等。流水是被限制在任意的容积中，地形发生了高度的变化，在重力作用下产生水的流动。流水的缓急与河床的宽窄、坡度大小、河床下的材料质地，都影响着流水的大小，河床粗糙的石头容易阻碍水的流通，形成湍流、波浪和声响。

3. 落水

落水设计主要在平面设计过程中所掺杂的立体造型动态设计，在落水设计中距离相对较短，通常用以观赏一些落差相对较大的或者垂直落差效果比较明显的水体。凡利用自然水或人工水聚集于一处，使得水从高处跌落最终形成白色水带的我们称之为落水，在室外环境的设计过程中，我们通常会以人工模仿自然环境中的景观去建造，在界面设计中的落水设计景观中，由于空间落差形成的澎湃声和击水声都在无形中给人一种视觉和听觉上的享受，根据落水的高度以及跌落形式，我们又能够将其分为瀑布、水帘、叠水、流水墙等（图5－2－4）。

图5-2-4　落水景观

落水是流动的水，主要有瀑布、壁泉、水帘、溢流与管流等形式。室外环境空间中的瀑布，常将自来水管埋于崖壁内，涓涓溪水便顺壁而下，落入池塘或溪涧中，飞珠溅玉，有声有色，富于动态之美。喷泉中水分层流出或呈台阶状流出称为跌水，跌水的形式在中国传统设计中常以三叠、五叠的形式出现，当水从壁上顺流跌落而下时就形成了壁泉。水从高处呈帘幕状直泻而下就形成水帘，水帘用于台阶、矮壁等处形成“水风琴”，用于园门就形成水帘门。

4. 喷泉

喷泉在我们生活中是比较常见的水体景观设计，主要是利用压力将水从低处打至高处再跌落下来所形成的景观水体形式，在一定程度上讲是景区动态水景的重要组成部分。现代喷泉经常运用电脑控制水、声、色、光之间进行变幻莫测的景象，对于区域景观设计具有非常明显的改善作用，装饰性所起到的效果是非常明显的，特别是在夏天，喷泉设计能够给人一种清气凉爽的感觉，全面吸引人的眼球，成为视觉的焦点，受到人们的喜爱。

5. 枯山水

枯山水起源于中国，于日本发扬光大。公元6世纪佛教宏传以后，崇尚虚无的僧侣们开始在意境中觉悟出枯山水的味道，学着用石头堆砌出一些意境。而在六百年前的日本室町时代，日本人从中国的北宋山水画中汲取到更多的养分，遵循画中三远（高远、深远、平远）的表现手法，成就出较完整的枯山水庭院（图5-2-5）。

图5－2－5　日本野村寺枯山水

6. 湿地

湿地就是沼泽，多位于沿河、沿湖、水陆交界的边缘没水区，范围和面积广大。湿地中大量的植物、草甸、鱼类和栖息的鸟类，可以保护环境、降解污染，提供了良好的生态环境，同时也可以为人类提供一定的生产娱乐环境（图5－2－6）。西方国家（如美国）从1970年之后，才逐渐认识到湿地环境的重要性，过去一直认为湿地是没有什么价值的，常常被堆填垃圾、围湖造田，被填埋后的湿地用作厂房建设用地或住宅用地等，其生态、景观、娱乐和环境作用没有被很好地利用和认识。

图5－2－6　呼伦贝尔湿地景观

（三）水体的设计表现

水体造景对技术要求较高，在具体方案中要发挥水体造景的景观优势、节能经济和生态等特点，就要在设计中做到因地制宜，以达到事半功倍的效果。

1. 合理的尺度和形态

水体造景是整体景观环境组成中的一部分，在设计过程中，需要考虑水体与其他景观构成之间的关系。水本身并无固定的形状，其观赏效果决定于盛水物体的形状、水姿、环境。水的形状、水姿都和盛器有关，盛器的大小、形状、高差和材质结构的变化造就了水的千姿百态，如有的涓涓细流，有的平静如镜，有的激流奔腾一泻千里，一旦盛器设计好了，所要达到的水姿就出来了。景观设计中水景的主要形式有溪流、瀑布、池塘、喷泉、泳池等，每一种水景都有其独特的魅力和吸引力。

2. 动势

“动势”强调水体的高差关系，展现的是水体的动态美，既包括飞流直下的瀑布，也包括静静流淌的叠水。水的落差高，水流湍急，水势放荡不羁，有激情四射、纵情恣肆的豪放气魄，此时的水性格刚毅。水的落差低，水流律动，水势婀娜妩媚，有动人娇媚、眷恋徘徊的婉约情怀，此时的水性格温柔。不同水势的水体运用，体现层次丰富、对比鲜明的大自然生命之源的完整性格（图 5－2－7）。

图 5－2－7　水景的动态美

3. 声响

在景观设计中通常会通过流水、滴水或者是叠水等不同的手法进行重新组合，模拟自然界中的清泉，最终形成比较特殊的听觉效果，水在自然界中的作用是非常突出和明显的，对于自然融入时空的感觉是非常自然的，最终将水在景观中的作用提升到更高的精神层面。

4. 色彩

“色彩”所能够展现的内容是非常多的，所呈现的视觉美也是非常有效的。水本是一种无色透明的液体，但是通过对水底、水岸的材料以及岸边的绿化种类进行选择与搭配，并辅以灯光照明系统，不仅能够自由地创造出变幻多姿的水体结构，而且对于环境的衬托也能够起到非常重要的作用。

5. 意境

古人有“水令人远”之说，以水喻志、以水言情历来是人们表达思想情感的一种方式。在设计时把握住水的性情，不仅追求自然的形似，而且要把自然中的气韵反映出来，把内在的本质、意义表现出来，达到“片景生情”的意趣。水景意境的营造要求设计者有高度的艺术修养和匠心独运的精湛技巧。

（四）室外环境水体设计要点

1. 动静结合，注意与周边环境相协调

静态水给人一种平稳和安详的感觉，就生理和心理上的感觉而言，能够给人一种宁静和舒适的感觉，动态水主要以水的流动和水的声音来让人产生印象比较深刻的感觉，也容易使人在进行设计的过程中产生比较明确的印象。在水的设计的过程中，动静相宜，静中有动、动中有静，两者形成鲜明的对比，对于区域内的景观设计具有妙趣横生的效果。

2. 因地制宜，合理运用

形成水体最终要有两个比较必要条件，首先就是要有水源的存在，并且水源在流动至最终场地景观的途中要有比较清洁的水，如果不能与流动的水系之间进行良好的沟通，也应让其他供水系统及时补充，切忌因为水源的枯竭造成水体污染。其次就是要有适宜的气候，在北方冬季比较漫长的情况下，如果水体长时间结冰，不仅给环境造成一定的负面影响，而且还可能会出现因结冰而导致的种种不良效果。因此，在充分肯定水体景观的运用意义时，更应该考虑到项目基地是否具备相当的条件来实施水体项目，只有因为在相应的时间和地点，良好的水体设计才能够为当地景观设计增添很多光彩。

3. 宁小勿大，多曲少直

由于大面积水体维护困难、不经济，虽然能够形成好的视觉焦点，设计过程中需要设计警示提示，如此处水深、禁止游泳、禁止垂钓等，令人观赏亲水的兴致顿减。水体的营造大都是人工的，并不能如自然水体一样能够循环、净化和降解，因此从水体的管理、养护、防污等经济性考虑，还是宁小勿大。

4. 顺下逆上，优虚劣实

在水体造景设计中，需要遵循自然的规律，设计过程中，要尽量减少能量的浪费，少设计大的喷泉，遵循流水的重力秩序，应尽量从高处往低处逐步层级降落，减少人力、物力和能量的浪费。

在水资源丰富的地方，水体造景设计就是用真实的水体进行造景及变化。在干旱、沙漠等缺水的地方或地形，可以利用石块、沙粒、野草等做象征性的摹写，日本景园优虚劣实体现得最为明显。石组景观中，中间圆形的石组代表龟岛，中央的石组代表蓬莱仙岛，左侧的石组代表鹤岛，周围的白碎石就是大海。

5. 以人为本，人水互动

将水体自然地融入景观中，最关键的一点就是要全面处理好岸型，将岸型处理好以后，水体的流向就能够给人一种蜿蜒有序的感觉。同时还要注意水面与地面之间的良好接触，使人近水、亲水，同时也使得水景更具有水景设计的追求，但是我们在进行亲水设计的同时一定要避免因过度亲水而造成老人孩子的损伤，并且水的深度也要严格控制，否则就会具有潜在的危险。从另外一个层面来讲，水体的清洁程度也会影响到景观设计的效果，所以一定要保证水体的清洁，保证水质始终在一个比较高的层面上。

二、景观建筑设计

景观建筑是一个十分丰富的设计元素，最常见的有亭、门廊墙、桥、榭、舫、楼、阁、厅、堂、轩等。景观建筑与一般建筑相比，更注重其观赏价值，在空间感上呈现多样化，更强调与环境的相互渗透、互相融合，并通过这种渗透和融合创造出更富有内涵的艺术空间和人文意境。

（一）亭

亭的历史十分悠久，无论是将亭子筑于幽径之旁、悬崖之边、深潭之上、名山之顶、浩海之滨或花园之中，都会使浏览者产生情满山亭、意流云海之感，意会到亭子那种兼容并蓄、博大宏深的气势以及那种人与亭的共鸣点。

1. 亭的类型

《园冶》中说，亭“造式无定，自三角、四角、五角，梅花、六角、横圭、八角到十字，随意合宜则制，惟地图可略式也”。亭的类型主要从平面组合、平面形状、屋顶形状以及建造材料来划分，通常中国景观规划设计中亭的类型有圆亭、蘑菇亭、方亭、五角亭、六角亭、八角亭等（图5－2－8、图5－2－9）。

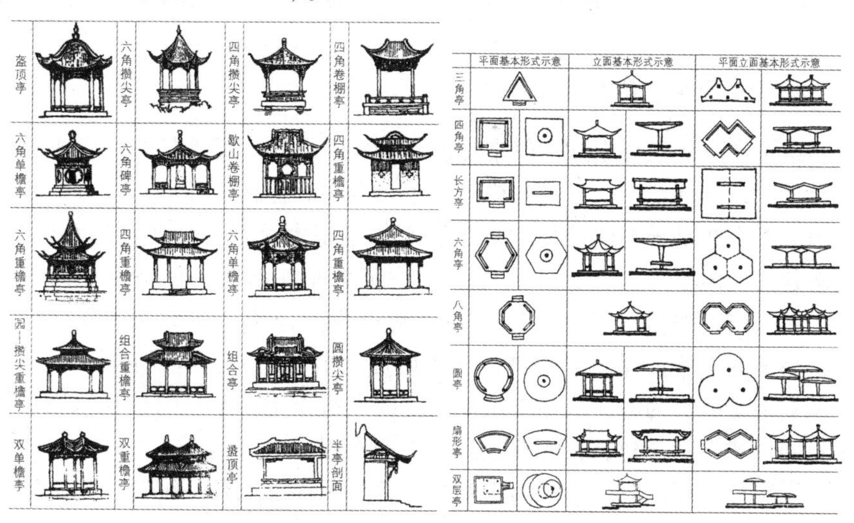

图5－2－8　传统亭的立面形式　　图5－2－9　传统亭的平面形式

2. 亭的功能与特点

(1) 亭的特点是周围开敞，可接纳四面来风，故也有凉亭之称。亭在造型上相对小而集中，因此，亭常与山、水、绿化等组合成景，并作为景园中“点景”的一种手段。亭常设在景园或名胜中，是一种艺术性很高的建筑物（图5-2-10）。

(2) 亭的功能是为游客提供眺览、休息、遮阳、避雨、赏景等，而且亭具有丰富变化的屋顶形象，轻巧、空透的柱身，以及随意布局的基座，因而各式各样的亭悠然伫立，为自然风景添色、为景观添彩，起到其他景观建筑无法替代的作用。

图5-2-10 颐和园廓如亭

图5-2-11 山顶建亭

3. 亭的布局方法与技巧

亭子在室外设计中是比较常见的一种建筑形式，无论是在公园中还是在风景区游览环境中，各式各样的亭子都会时时存在于环境中，有些亭子在山上、有些亭子在建筑物的旁边、有的亭子漂浮在各种各样的水面上，性格各异，但是无论什么样式的亭子建筑总能够给人一种格格相入的感觉，对于当地的整体景观设计具有非常重要的作用。在室外的环境设计中，亭子的位置选择非常重要，在实用性上能够给人们提供休息的场所，在视觉上给能够为整体景观提供比较好的点缀作用，不同的景观风格中插入不同形式的亭子建筑，能够起到不同的作用。

①高处筑亭。既是仰观的重要景点，又可供游人登亭统览全景，大有一览无余的感觉。(图5-2-11)

②平地筑亭。在道路的交叉口、路中、路旁的林荫之间平坦的花圃、草地等建亭，可作为一种标志和点缀。还可在位于厅、堂、室与建筑之间

筑亭，可供户外活动之用。

③临水处筑亭。临水处筑亭则取得倒影成趣的效果，供游人观赏水中景物，并享受来自水面清新的凉风。

④林木深处筑亭。林木深处筑亭，使亭在林中半隐半露，既含蓄而又平添情趣。

（二）桥

桥是一种架空的人造通道，中国山川众多、江河纵横，是个桥梁大国，在古代，无论是建桥技术还是桥梁数量，都处于世界领先地位。

1. 桥的含义与功能

室外环境设计中的桥，可以连接风景点的水陆交通，组织游览线路，变换观赏视线，点缀水景，增加水面层次，兼有交通和艺术欣赏的双重作用。景观中的桥，除了其实用的交通功能外，往往更注重其艺术价值。

2. 桥的类型与特点

（1）平桥。外形简单，有直线形和曲折形，结构有梁式和板式。板式桥适于较小的跨度，如北京颐和园谐趣园横跨水面的石板桥知鱼桥，简朴雅致。跨度较大的就需设置桥墩或柱，上安木梁或石梁，梁上铺桥面板。曲折形的平桥，是中国景观中所特有，不论三折、五折、七折、九折，通称“九曲桥”。其作用不在于便利交通，而是要延长游览行程和时间，以扩大空间感，在曲折中变换游览者的视线方向，做到“步移景异”。

（2）拱桥。造型优美，曲线圆润，富有动态感。单拱的如杭州西湖的断桥，桥形如垂虹卧波，生动优美，自然舒展（图 5－2－12）。

图 5－2－12 西湖断桥残雪

（3）亭桥、廊桥。加建亭廊的桥称为亭桥或廊桥，可供游人遮阳避雨，又增加桥的形体变化。杭州西湖亭桥，在曲拆中段转角处设四角亭，巧妙地利用转角空间，给游人以小憩之处，亭桥与周围的景色相互衬托，把西湖的美景发挥到了极致（图5－2－13）。

图5－2－13　西湖亭桥

3. 桥的布局方法与技巧

在室外环境空间景观布局中，桥梁的布置和室外环境的总体布局以及道路系统、水体的占地面积、占地比例等密切相关。园桥的位置和体型在一定程度上都要注重景观的协调性。大水面上架桥又位于主要建筑的附近，需要雄伟壮丽的风格，重视体型与景观之间的相互协调。小水面上架桥，则需要轻盈简洁，重视整体桥体的安全与美观性，水面宽广或者水势湍急者，则需要较高的护栏，水面相对较窄或水流相对较缓的桥梁设计则不应设栏杆，无论何种形式的桥梁设计，一定要能够体现水面与桥梁的倒影，为整体景观的美观提供良好基础。

第三节　环境景观设计

一、小品设计

室外景观小品充实了室外环境空间的内容，代表了景观空间的形象，反映了一个城市特有的景观风貌和人文风貌。

（一）室外景观小品的定义

景观小品泛指公园、庭院、自然风景区和公共绿地中简单小型的一些建筑、雕塑、置景，以及为方便室外环境管理及游人之用的小型建筑设施。室外景观小品是室外环境景观的重要元素之一，是室外环境中的一个视觉亮点，一般没有内部空间，体量小巧，造型别致，富有特色，并讲究适得其所。在室外环境中既能美化环境，丰富园趣，为游人提供文化休息和公共活动的方便，又能使游人从中获得美的感受和良好的教益。室外景观小品不仅具有多种使用功能，而且对室外环境景观具有极大的影响，是景观中举足轻重的一部分。

（二）室外景观小品的作用

室外景观小品在一定程度上能够全面表现室外环境空间的气质和主题风格，显示出当地城市的经济状况，在一定程度上讲，是社会发展和民族文明的象征。随着社会化程度的不断推进，生活方式的不断改变，现代人在期望现代物质文明的同时，也一定要渴求精神文明的滋润。室外景观小品在现代化文明的社会环境中能够起到非常明显的作用。人们的生活中充满了艺术的气息，无论是衣食住行还是交际，都有艺术的手段和方式，室外景观小品的设计在人们的生活中起到了调味剂的作用，对于调节人们的生活情趣和情调具有非常重要的作用。

同样适用于景观设计，艺术的因素依然是不可或缺的，正是这些艺术小品及设计，已然成为空间环境中的关键因素。从这个维度上来讲，室外环境仅仅满足实用功能还是远远不够的，室外景观小品设计不仅能够提升整个室外环境的艺术品质，改善城市环境的景观形象，最重要的是还能够给人们带来美的享受。

1. 组景的作用

人们对一个景观环境的感受和理解很大程度上是由景观小品的布局和造型所决定的，所以景观小品在组织空间方面的作用绝不能忽视。景观小品在室外环境空间中，一方面作为被观赏的对象，从另外一个维度上来讲，又能够成为人们欣赏景色的场所。所以在设计的过程中，我们一定要学会使用小品把外界的景色组织起来，使得室外环境意境变得更为生动有趣。室外景观小品在环境空间中，除了具有自身的观赏价值之外，更加重要的是要学会利用其自身的景观欣赏价值，与环境中的色彩、造型、比例等进行完美的呼应与组合。在古典风格的室外环境空间布局中，为了能够进一步创造空间层次和富有变换的效果，我们需要借助一些小品的设计对其进行安排与重置，即使是一堵墙或者是一个小的亭台造型都要精心塑造，最大限度地使景物之间完美契合（图5-3-1）。

图5-3-1　精心布置的照壁

2. 观赏作用

优秀的室外景观小品设计在一定程度上能够使人与环境之间相呼应，产生共鸣和联想，使得环境的意境变得更加深邃，特别是一些独立性比较强的建筑要素，如果我们处理得比较妥当，其自身往往就是室外环境的一种景观。好的室外景观小品设计在一定程度上能够与周围环境之间进行良好的呼应，进而形成另外一种美的享受。从这个维度上来讲，运用小品的装饰性，能够全面提高室外环境建筑的观赏价值，全面满足人们的观赏需求。

图5-3-2　室外环境主题雕塑

通过这些艺术品的设计和相关设施的设计来表现景观主体，不仅能够引起人们对环境和生态以及各种社会问题的关注积极性，而且对于特定社会文化意义的产生也比较有益，最终目的就是通过艺术品的设计，全面增强景观的生态环境、提高环境艺术的品位及其表现的内涵，是提升整体环境品质的重要一环（图5－3－2）。

3. 渲染气氛作用

在室外环境设计中常把桌凳、地坪、踏步、桥岸、灯具、指示牌和广告牌等予以艺术化、景致化，以渲染周围环境的气氛，增强空间的感染力，最大限度地满足人们的生理和心理需求，给人留下深刻的印象。

室外景观小品特别是室外环境设施，其最为主要的目的就是能够给游人提供在室外活动中所需要的生理、心理等各方面服务，比如休息、照明、观光以及导向等。一些优秀的室外环境设计和小品在一定程度上具有鲜明的区域性特征，同时也是该地文化历史、民风民情以及发展轨迹的反映，通过室外环境中的设施与小品设计，能够全面提高区域的识别性，增加人们对特定区域的认知程度。

（二）室外景观小品分类

1. 观赏类小品

此类小品主要功能是体现观赏性，突出其一致性。同时，注重小品的主题内容、形式等的精神功能，丰富环境室外环境空间层次，增加区域性（图5－3－3）。这类室外景观小品主要通过展现自身的美感来吸引游人，从视觉感官上激发起人的审美，同时在丰富建筑空间、渲染环境气氛、增添情趣等方面也起到十分重要的作用。

2. 功能类小品

此类小品首先以实用为主，是在其发挥功能的前提下，为人们提供多种便利和公益服务，同时使小品与周围的环境协调而进行一定的艺术处理，增强了小品的观赏性。主要包括供休息的小品、装饰性小品、结合照明的小品、展示性小品、服务性小品（图5－3－4）。

图 5-3-3　独特的室外小品设计

图 5-3-4　具有实际功能的小品设计

（三）室外景观小品设计的原则

室外景观小品在创作过程中应遵循一些基本的设计原则，具体可以从以下几个方面来体现：

1. 合理性原则

在室外景观小品的艺术设计中，功能设计是非常重要的组成部分，在设计的过程中我们也应主要以人为本，为满足各种人群的需求，特别是一些残疾人的需求，这样能够体现出一定的人文关怀。

这种和理性的要求是非常合理的，同时也是来自各个方面的需求。首先就是在技术层面，很多精美的设计在最后被市场否定并不是因为设计本身存在问题，而是因为在材料的选择上出现了一些失误，所以在材料的选择上我们一定要慎重，并且在工艺做工上下一些功夫。其次就是这种设计的合理性主要会来自多方面的压力，比如在进行风格选择的时候，是选择经典耐用的设计形式还是选择新颖简洁的设计形式是非常难以选择的，因为不同的人群或者是群体会有不同的需求，所以在选择的时候一定要注重设施自身的语言。

2. 创造性原则

艺术品设计一定要有其自身的独特性，这种独特性并不会简单因为设计师的自身性格特点来决定的，更应该包括的是艺术品在其所处的环境和历史文化特色中应该具有的时代特色，在全面汲取当地艺术语言符号的基础上采用一些具有当地艺术特色的材料和制作工艺，生产一些具有当艺术文化特色的艺术产品，在体现特色的基础上，注重风格的整体要求。

在设计领域中，如果我们离开了创造就会失去设计的灵魂，众所周知，设计主要是由发明创造和改良两种形式，其中创造在设计中运用是比较广泛的，同时在设计中的应用程度也是最深的。创造有三种模式：第一种模式是概念设计，它给予设计师较大的宽容度，同时也能够加强创新的程度；第二种是方式上的设计，这种设计主要体现在现实生活中的一些日用品以及使用方式的设计；第三种是款式设计，款式设计主要以优美的外观和时尚的认知为主。公共设施主要因其自身的特点无形中使得人们更加偏向于第二种模式的设计，这是社会发展和热门审美情趣的提高共同决定的。

3. 整体性原则

公共设施在一定程度上讲是城市生活的道具，人们在社会中生活离不开公共设施，保持整体上的协调，但是协调并不应该止于表层的内容，更加应该追求一种精神上的统一。室外景观小品设计是一个系统，除了与周围的环境协调一致之外，小品自身也应该具有相应的整体性特征。无论是公共设施中比较小的设施还是比较大的设施，特性不同，彼此之间的作用却比较明显，相互依赖，将个性纳入共性的框架之中，最终体现出一种统一的特质。

4. 绿色设计原则

绿色设计主要指着眼于人与自然之间的生态平衡问题。在设计过程中，每个决策在一定程度上都要考虑到环境的效应，减少对环境的破坏，这就是我们经常提及的“3R”原则，即减量化（Reducing）、再利用（Reusing）和再循环（Recycling）。

“3R”原则在公共设施中的应用并不是多设立几个分类垃圾筒就可以的，他需要设计是在进行设计的过程中全面把控材料的选择、设施的结构、公益的生产以及设施的使用等整个过程。在材料的选择上，首先要考虑容易回收、污染较低、对人体无害的材料，特别是在省材料的使用。在结构上要学会使用标准化的设计，进一步减少部件的使用数量，这样在节省成本的基础上也方便下次维修工作的进行，表面上处理一些加溶解物的油漆，在能源选择上则采用高效节能的干净能源，比如常见的太阳能能源。

（四）室外景观小品设计的方法

1. 构思新颖与布局合理

室外景观小品作为室外空间设计的景物，只有当小品自身具备了相对独立的意识和思想内涵之后，才能够真正产生感染力，这同时也是室外景观小品的核心竞争力与生命力所在。从现实生活中我们不难发现，但凡成功的小品，都是一些构思极其精妙、全面表达设计内涵寓意的作品。同一寓意在不同的环境空间造型中，形态不同、布局不同、色彩不同，但是最终却能够达到同一寓意的目的。小品的内在之美就隐藏在外形之中，需要用心去思考。因此，构思小品的时候应该根据小品分布的布局需要，采用一种最为符合设计需要的样式与风格。

2. 合理的尺度与合适的比例

比例与尺度是产生协调的重要因素之一。尺度是一个能够使特定物体与环境呈现出一个特定的比例。空间环境景观中的设施设计在比例与尺度方面的重要性是非常大的。小品自身与环境、建筑等景观的设计中都会直接影响到小品的景观价值。

在小品设计的过程中我们还需要特别注意的就是，不仅需要考虑小品与环境设计构图的比例关系，还需要考虑到小品本身的功能比例。例如，在一个比较小的空间内放一个相对来讲体积较大的小品，在一定程度上会使得整个空间显得狭小紧张，反之，在大空间中放置一些体积较小的小品，会显得整个空间比较空旷。完美的小品应该是尺度合理、比例合适。

3. 突出审美要求，发挥使用功能

在环境中，小品的设计是否符合人们的审美需求以及是否在环境中起到点缀的作用会给人们带来不一样的感受。因此，除了要满足视觉的欣赏与情感的交流之外，小品还应该符合现实生活中的实用功能与技术上的要求。

4. 小品在室外环境设计的步骤

小品的设计首先要满足使用的基本条件，即必须实用，也要充分重视放置与保养的合理性。同时必须将物体的艺术价值与使用价值结合起来，使它在室外空间环境中为我们的生活发挥作用。在具体设计中可参考以下步骤：

（1）构思立意，根据自然景观和人文风情设计构思室外景观小品。

（2）因地制宜，选择合理的位置和布局，做到巧而得体，精而合宜。

（3）富有特色，充分反映室外景观小品的特色，把它巧妙地熔铸在室外环境空间造型之中。

（4）顺应自然，多些随意，少些雕琢，不破坏原有风貌。通过对自然景物形象的取舍，使造型简练的小品获得景象丰满充实的效应。

（5）装饰点缀，充分利用室外景观小品的灵活性、多样性丰富室外环境空间，强化需要突出表现的景物，把影响景物的角落巧妙地转化为游赏的对象。

（6）环境对比，把两种差异明显的素材巧妙地结合起来，相互烘托，彰显出双方的特点。

二、绿化设施设计

植物分为乔木、灌木、地被植物三种类型。其中地被植物还可以分为草本植物和木本植物两类。不同品种的植被具有不同的外形特征。巧妙运用植被的形态可以营造出丰富的景观效果。如：树的形态有伞形、锥形、宝塔形、垂枝形、球形等，叶的形态有针叶形、羽状叶、椭圆形、七角形、心形等，不同的植物形态造就了不同的景观风格，要合理应用植物的形态语言营造具有特色的室外环境景观。

（一）植物分类及作用

1. 乔木

乔木形体高大、主干明显、分枝点高、寿命比较长。按照体形高矮分为大乔木20m以上，中乔木8—20m和小乔木8m以下。又分常绿乔木和落叶乔木；针叶乔木和阔叶乔木。乔木是园林中的骨干植物，无论在功能上或艺术效果上都能起主导作用。诸如界定空间、提供绿荫、防止眩光、调节气候等，其中多数乔木在色彩、线条、质地和树形方面随叶片的生长与凋落可形成丰富的季节性变化和枝干的线条美（图5-3-5、5-3-6）。

图5-3-5　落叶乔木

图 5－3－6　乔木与草坪构成的林地景观

2. 灌木

灌木没有明显的主干，多呈丛生状态，或自基部分枝。一般体形高 2m 以上的称为大灌木，1—2m 的为中灌木，高度不足 1m 的称为小灌木。灌木能提供亲切的空间，屏蔽不良景观，或作为乔木和草坪之间的过渡。对控制风速、噪声、眩光、辐射热、土壤侵蚀方面有很大的作用。灌木的线条、色彩、质地、形状和花是主要的视觉特征，其中以开花灌木观赏价值最高，用途最广，多用于重点美化区域（图 5－3－7）。

图 5－3－7　用常绿灌木带取代隔离墙，增加美观的同时也起到场地的隔离和防护作用

3. 竹类

竹类为禾本科、竹亚科秆常绿乔木、灌木或藤本状植物。秆木质，花不常见，一旦开花，大多数于花后全株死亡。竹类高大者可高达30m，常用于营造经济林或创造优美的空间环境。小的可用于盆栽观赏或地被植物和绿篱。竹是一种观赏价值和经济价值都很高的植物种群（图5－3－8）。

竹类植物品种丰富，在现代风格环境和传统风格环境中都是很好的装饰植物，而且在室内、室外都适宜种植。

图5－3－8　竹类植物营造的环境景观

4. 藤本植物

藤本植物指能依附其他物体使自身攀援上升的植物。其根可以生长在最小的土壤空间，并产生最大的功能和艺术效果。它可以美化墙面，或根据构架结构，形成特定的装饰形态。如棚架、绿廊和拱门的绿化、美化。

5. 地被植物

地被植物是指覆盖在地表的低矮植物。它不仅包括多年生矮草本植物，还包括一些适应性较强的低矮灌木、藤本植物和蕨类植物。常见的地被植物：石竹、天竺葵、海桐、扶芳藤、枸骨、细叶小檗、洋常春藤、中华常春藤、过路黄、勿忘草、美女樱、紫苏、枸杞、凌霄花等。以草坪植物建立的活动空间，是园林中最具有吸引力的活动场所，它清洁、优雅、平坦、壮阔，游人可在其上散步、休息、娱乐等。但是，草坪是养护费较高的植被，在草种的选择上必须考虑适地草种以便管理和养护。

6. 花卉

花卉指色彩艳丽、花香馥郁具有观赏价值的草本、木本植物。可分为

一、二年生花卉，多年生花卉和水生花卉，是构成花坛、花境的主要材料（图5－3－9）。

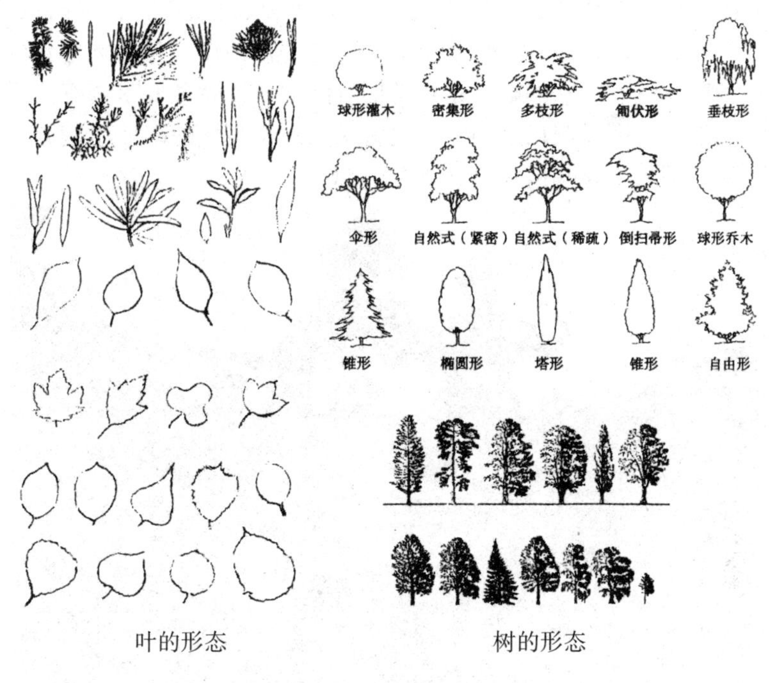

图5－3－9　植物形态表

（二）花卉景观的基本形式

花卉种类繁多，色彩鲜艳，易繁殖，生育周期短，因此花卉是园林绿地中经常用作重点装饰和色彩布局的植物材料。花卉景观在烘托气氛、丰富园林景色方面有着独特的效果，主要以花坛和花境作为花卉景观的表现和组织方法。

1. 花坛

花坛作为景观构图的一部分独立存在，通常布置在广场的中央，游人不能进入。花坛可分为平面花坛和立体花坛。平面花坛按构图形式分为规则式、自然式和混合式三种。花坛因其表现的内容及材料的不同，有以下几种主要形式：花丛花坛、模纹花坛、混合花坛。

（1）花丛花坛。以观赏性花草本花卉为主，以开花时的华丽景象作为表现主题。选用的花卉必须是开花繁茂，在花朵盛开时达到见花不见叶的效果。图案纹样在花坛中居于从属地位。

（2）模纹花坛。又称镶嵌花坛、毛毯花坛，其表现方式是应用各种不同色彩的花叶兼美的植物来组成华丽的图案纹样，最宜居高临下观赏，塑造成立体造型，如动物、建筑或其他造型。模纹花坛具有较强的灵活性，有画龙点睛的作用，经常配合某个活动主题进行创作，其生动逼真的形象往往成为视觉焦点。它的缺点是观赏期有限，养护管理要求精细，适合在重大节日使用。模纹花坛的植物材料宜采用生长缓慢的多年生观叶草木植物，少量运用木本观叶植物（图 5－3－10）。

图 5－3－10　上海世纪公园蒙特利尔园的模纹花坛

（3）混合花坛。是花丛式花坛与模纹花坛的混合，兼有华丽的色彩和精美的图案。

2. 花境

以多年生花卉为主组成的带状景观。花卉布置采用自然式块状混交，以表现花卉群体的自然景观。以鲜明的草花为主要材料，构成繁花似锦的色彩效果。可以作为主要景观或者作为配景出现。花境灵活的组合方式，具有较强的形态适应性，可起到引导视线、活跃空间、烘托主题气氛的作用，具有较强的视觉效果（图 5－3－11）。

图5－3－11　花境作为地表装饰

（三）景观植物种植的类型

1. 规则式栽植

规则式又称几何式、规整式、建筑式。流行于中世纪的欧洲园林，如法国凡尔赛宫花园。规则式栽植的树木配置以行列式为主，用植物形成空间分隔的绿篱墙和几何图案，构成以轴线为特色的对称式空间布局，强调室外空间与建筑的和谐。树木往往被修剪成几何形态模拟某种立体图案等，强调植物在人工修剪后的美感（图5－3－12）。

2. 自然式栽植

自然式又称自由风景式，植物种植以反映自身独特的姿态、色彩、风韵的形态美，以及自然群落与自然环境和谐的错落之美。强调不同的植物构成的群落关系，形态丰富，既可孤植以展示个体之美，又能表现植物的群体美，营造出乔木、灌木、草类结合的群落栽植景观（图5－3－13）。

3. 混合式

根据不同的功能并结合自然式栽植的条件，综合利用和发挥规则栽植的空间划分、引导以及重点装饰的功能来组织空间。一般而言，规则式栽植养护成本较高，而自然式的栽植方式则可以降低景观维护成本，显现自由、清新的自然植被风貌的优势。混合式植物景观具有更广泛的适应性。在具体应用中，应根据空间的不同条件和需求灵活处理，以取得较好的效果（图5－3－14）。

图 5－3－12　法国巴黎大学规则式庭园

图 5－3－13　自然式栽植形成的自由活泼的植被景观

图 5－3－14　混合式栽植大方而不失活泼

第四节　环境照明设计

不同的环境对于照明方式和照明要求是存在较大差异的，照明设施除了需要达到基本的照明要求之外，还需要根据当时环境的特征对其进行渲染。进行照明的目的是保证人们在黑暗的环境中或者夜间活动中能有一个良好的视线，烘托环境的目的就是能够对环境进行再创造。

环境照明主要是以投光照明为主，投光照明的设备主要有投光灯、泛光灯以及探照灯等，高强度的等立杆通常是大于10m的高度，在人行道使用的照明灯则高3.6m左右，在一些园林、植物园或者台阶的照明灯则仅仅需要90cm以下就可以了，从这个角度上来讲，不同的照明需求会要求不同的照明设计与之对应。任何一种照明灯具的设计都需要考虑白天和黑夜的效果，白天照明对周边的影响不是很大，但是到了晚上出于各种各样的目的，肯定会给人们提供方便的生活环境与条件。

第五节　标识性系统设计

视觉在人类的各种感知系统中具有支配地位，人类通过视觉感知到外部世界的信息量占所有感知系统接受外部世界信息量的80%以上，因此，视觉效果直接影响标识导向系统功能性的发挥。标识导向系统与人类视觉感知的交互主要是通过标识的色彩、图形和文字三方面的内容来实现的。

一、标识中的色彩

色彩是人们视觉感知过程中最具活力的视觉元素，它具有很强的视觉冲击力，人类对于来自外界的各种视觉形象，如物体的形状、位置、特征等方面都是由色彩及各种色彩之间的明暗关系确定的。在物体对人的视觉产生刺激的各种因素中，色彩是最早引起人的视觉反映的方面，其次是物体的形状、质感等方面。而对于物体的形状、质感等方面的判断也是以色彩的视觉感知为基础的。有实验表明，人们在看物体的时候，在最初20秒内，对色彩的感知成分占所有视觉感知的80%，2分钟后，色彩占60%，形态占40%，5分钟后，色彩、形态各占50%，之后这种状态会持续下去。

色彩的运用在标识导向设计的过程中同样是比较重要的环节。在一定程度上讲，具有比较鲜明的视觉感染力，对于影响人的注意力和情绪的作用比较强。在标识导向系统中色彩是表现系统性和可识别性最为重要的手段，同时也是达到与环境协调的重要方面。

从另外一个角度来讲，色彩还具有比较强烈的情感渲染力，不同色彩的表现形式能够给人不同的视觉体验，经过长时间的尝试与观察以后，甚至在看到某种色彩之后会联想起某种事物，因为这种色彩在一定程度上成为了某种事物的代名词。从这个角度讲，在标识导向系统色彩规划和设计环节中我们应该全面考虑文化背景、环境色彩以及地域传统等各种主客观方面的重要因素，最终确定一套最佳的配色方案。

色彩包括色相、明度和纯度三个基本属性，它作为自然界的客观存在，本身并不具备情感倾向。但是，人们在认识和改造客观世界的过程中却逐渐为各种颜色赋予了不同的感情色彩，例如红色代表警戒或热烈，绿色代表自然和安全，白色代表纯净和简单，黑色代表严肃和庄重等。不同的色彩可以给人不同的心理感受。在标识导向系统的设计过程中，如果色彩的物理属性和色彩对人的心理及情感造成的影响两方面均得到充分的利用，可以在一定程度上改善环境氛围，改变空间尺度和比例，从而完善标识导向系统与环境的视觉效果。

色彩在标识导向系统中的作用主要是辅助信息传达和优化视觉效果两个方面。

顾名思义，信息辅助传达就是通过色彩的运用以及色彩与色彩之间良好的对比与调和等方式方法进行相关的研究，最终使得标志导向系统中的色彩丰富而有相对特殊的节奏感。对比手法所适用的主要领域或情况就是在标识设计的过程中，为了进一步加强视觉冲击力，用一些纯净度或者对比比较鲜明的颜色作为相近的色彩。

在洗手间的标识之中、校园的设计标识之中都会采用一种全面提高与周围环境色彩对比度的方式，最终确保导向系统的明确性及易识别性。

标识导向系统的色彩既可以通过材质的固有色彩得以实现，也可以在材料的基础上赋予其他色彩。标识导向系统的色彩定位和配色方案与标识导向系统的整体规划方案及材料选择是同步进行的，标识导向系统的色彩规划直接影响标识导向系统材质的选择。例如，在现代设计风格的环境中采用银灰色调作为标识导向系统的主色调，就要选择不锈钢作为标识导向系统的主体材质；在公园、绿地等自然环境中采用棕黄色系作为主色调，标识导向系统就要选择木质或仿木材质；而需要多种颜色配合的标识导向系统往往会选择亚克力、铝材等方便进行色彩工艺处理的材质，以方便标识导向系统多种颜色的选择。

此外，有色灯光的运用也是帮助标识导向系统实现色彩效果的重要手段。灯光的处理手段也是丰富多样的，可以为其自身配备色彩灯光的设计，也可以采用外环境灯光进行辅助以达到需要的色彩效果，还可以为已有导向标识添加色彩灯光以达到良好的视觉效果。运用色彩灯光的标识导向系统中大多以玻璃、亚克力等受光线影响较大的材质为主体，并且大多数运用于环境光线较暗的环境中，以利于色彩光线辅助功能的发挥。

二、标识中的文字

在标识导向中，色彩是感性和富有变化的一种新鲜元素，而文字则显得更加的理性和准确。标识导向系统中的字体设计能够作为设计环节存在。合理的字体运用在一定程度上能够使得导向标识的信息变得更加的清晰与明确，在保证信息传达的准确性基础上，兼顾实效性。标识导向系统中的一些文字，主要是由最先确定的信息内容来决定的，然后再确定文字的字体颜色、大小。

标识导向系统在一定程度上讲具有较强的功能性体系，人们在标识系统中能够获得一些环境的信息，并且这种信息是在运动状态下获得的，从这个维度上来讲，我们需要进一步考虑人的视觉在动态情况下的识别能力，进一步突出文字本身的优势。

在进行标识导向系统文字设计的同时，注重平面视觉的效果是非常重要的。在保证平面视觉效果相对较好的前提下，画面之外的一些设计就显得尤为重要了，一定要慎重考量留白部分的设计与运用，一些设计领域默认的规则就是避免字形相似的字母或者数字出现在同一版面中，对于一些笔画相对比较繁琐的字体应适当加大文字或者间距。

在文字本身方面，我们需要对其结构和设计进行相应的研究，同时还需要注意文字与底色之间的关系，再考虑文字与背景颜色互换之后的视觉效果。

通常情况下，标识导向系统中的文字与底色的明暗对比度也需要进行适当的调整，文字本身使用的色调要与背景使用的色调形成鲜明的对比，这样才能够突出文字，在大背景下也能够直接找到文字的存在。相关研究发现，字体暗并且背景比较亮的情况下会给人一种不适的感觉，但是字体亮背景暗就会显得相对好一些。一般情况下，在进行信息传达的过程中，使用深色的底色、白色的字体是一种比较具有扩张性的效果，传达信息的速度也会更快些（图 5－5－1、图 5－5－2）。

图5-5-1 标识中的文字（一）　　图5-5-2 标识中的文字（二）

汉字是在标识导向系统中比较常用的文字，同时拉丁文字与数字也比较常见。这三种字体因为笔画和结构上存在比较大的差异，在标识导向系统中的文字设计中也会有不同的方法。

汉字是汉语言的一种文字，在世界范围内也是最为古老的文字之一，汉字主要是由图形和符号逐渐演化而来的，形态上主要由复杂变为简洁，每个汉字形成一个比较独立的方块体，这也就是我们常说的方块字。汉语言文字的笔画比较多，大多数汉字是由两个偏旁部首组成的，字形也比较复杂，这也是外国人学习汉语比较吃力的重要原因之一。另外，汉语的文字具有很强的独立性，每个文字都能够代表一些特定的含义。

拉丁文字是世界上设计语言中最为常见的文字符号之一，同时也是最具影响力的文字符号之一，拉丁文字母在世界范围内的运用也是最广泛的。一些欧洲发达国家的文字都是在拉丁文字母的基础上逐渐演化而来的。比如德语、法语和西班牙语等比较常用的语言都是由拉丁文转化而来的，拉丁文也被作为世界上最广泛的语言，大量运用到世界各地的标识导向系统之中。

数字也是标识导向系统中运用的比较多的文字之一，数字主要包括了罗马数字、阿拉伯数字等一些在各个国家中能够表示数量的文字。阿拉伯数字是当今世界比较常用的数字符号，在民间的辨识度和认识度是非常之高的，在标识设计中的运用也在一个比较高频的层面上（图5-5-3至图5-5-6）。

图 5－5－3　汉字在标识中的运用

图 5－5－4　标识中的文字

图 5－5－5　标识中的英语

图 5－5－6　标识中的数字

三、标识中的图形和符号

标识导向系统中除了色彩和文字之外，还有一项很重要的平面视觉构成元素，即图形和符号。如果说色彩是感性和富有变化的，文字是理性和准确的，那么，从这个维度上来讲，标识导向系统中的图形和符号就存在两种形式的变化，即感性变化的外在形象和理性、准确的信息内涵。

标识导向系统的设计中为了提高环境信息的传达速度以及易于识别的辨识度，通常情况下会避免大量文字的使用，采用清晰度比较高的图形和视觉符号来传达特定的信息。图形与符号的使用最终目的就是能够让人们更加直观地获取一些环境中的信息，它的特点是简洁清晰、含义明确。标识导向系统中的图形与符号往往能够从侧面反映出环境的属性和特征，是环境信息的进一步提炼与简化。

从另一个角度来讲，一些形象比较生动的图形和图案比文字的识别度会高一些，同时也会便于记忆和识别，能够辅助标识导向系统提高环境识别的功能，特别是在一些大面积并且环境组成要素雷同的状态下，色彩化的图形和图案更加方便大家去区分区域和位置，能加强观察者对于环境标志的记忆深度（图5－5－7、图5－5－8）。

图5－5－7　标识中图形的运用

图5－5－8　标识中符号的运用

标识导向系统中的图形和符号的设计和应用要兼具规范化原则和个性化原则，两方面相辅相成。

一方面，标识导向系统的功能性要求图形和符号能够快速准确地传达环境信息，因此只有使用正确的能够准确说明环境信息的图形和符号才能传递预期信息，否则不但不能体现图形符号在传达信息方面的优势，反而会造成误解、歧义和信息的混乱。目前已经有一些国家在尝试标识图形的标准化运用，也就是将图形和符号当作语言文字一样进行统一规范，并通过教育和长期的使用向大众推广，使大众对于标准化的图形和符号形成惯性认知。

另一方面，标识导向系统中的图形和图像也不仅仅是信息传达的辅助性工具，它也可以作为一种独特的设计语言进行创意设计。毕竟环境的风格、气质和氛围等方面都各不相同，因此将所有环境中的标识图形进行标准化处理会造成枯燥和乏味的视觉疲劳。

在一些特征明确、主题鲜明的环境中，图形图像可以在规范化使用的基础上进行创意设计，对其细节进行装饰和美化，通过艺术化的处理使其达到美观的视觉效果，在人们脑海中留下深刻的印象。事实上，国际标准化组织允许对标准化的图形符号进行个性化的设计，尤其是在娱乐场所、动物园、展览馆等主题鲜明的休闲环境中，个性化和趣味化的标识图形可以更好地烘托环境的主题，达到与环境的融合统一（图 5 –5 –9 至图 5 –5 –12）。

图 5 –5 –9　标识中图形和图案的运用（一）

图 5 –5 –10　标识中图形和图案的运用（二）

图 5－5－11　标识中图形和图案的运用（三）

图 5－5－12　标识中图形和图案的运用（四）

第六章 室外环境设计典型案例赏析

本章将结合典型案例阐述室外环境设计中比较常见的几种设计类型，具体包括居住区外环境设计、校园环境设计、办公建筑外环境设计、商业建筑外环境设计、纪念性建筑外环境设计等。

第一节 居住区外环境设计典型案例赏析

随着商品经济的发展，住房消费业已成为现代都市居民生活中的重要内容。因此，居住区设计中房型与环境的优劣便自然而然地成为房地产开发商和消费者最关心的问题。一些开发商为了吸引买主，甚至在房屋尚未建成之时就将绿地、水池、景观小品等环境设施先行建好，以此作为“卖点”，促进楼盘销售。这种做法也从一个侧面反映出现代的城市居民已不仅仅局限于看重住房条件，亦将室外环境作为考虑的主要因素之一。

一、居民对室外环境的需求特点

（一）生理需求

人们在居住的过程中对周边的环境有一定的要求，其中通风、阳光、空气、温度与湿度、噪声等都是基本的需求点。在环境设计过程中，合理布局的建筑一定要在保证阳光与日照的情况下保持良好的通风。适宜的绿地布局在一定程度上能够提供比较新鲜的空气，并且提供一些遮阳的场地。而在降噪这一点上，科学的建筑方式与相应的绿地种植等都具有非常重要的作用。

（二）行为需求

所谓的行为需求就是周边的环境为当地的居民所提供的一些户外活动场所，居民日常的生活中，户外活动所涉及的内容非常广泛，有目的的出行、休憩、交往、游玩、散步、乘凉、健身等一系列活动都需要在可供停留的空间中进行。不同的活动会要求与之相对应的环境空间，在不同年龄、性别以及职业的要求下也会有比较大的差异。

（三）安全需求

室外活动在一定程度上并不会受到行车的干扰，但快速行驶的车辆对于环境中的人会造成比较大的威胁，一些人在马路上来回穿梭与停留也在一定程度上给环境带来威胁。前者能够通过人车分离、采用曲折的道路降低车速来解决（图6-1-1），后者则应加强技术性的防范措施，全面增强环境的流动感，进而创造全方位的环境空间，这才是行之有效的方法。

图6-1-1　曲折的道路可减低车速

图6-1-2为纽曼所做的儿童游戏场地理位置示意图，把游戏场设在多层公寓住宅围合庭院之内，使居民从自家的窗口能够看到儿童在场地当中的活动情况，同时也能够观察进出的人流量，是一个从公共空间到私密空间的过渡。从另一个角度来讲，完善的室外象征性保障也能够表明过渡领域（图6-1-3），创造出安全的独立领域，满足不同活动的场所要求。

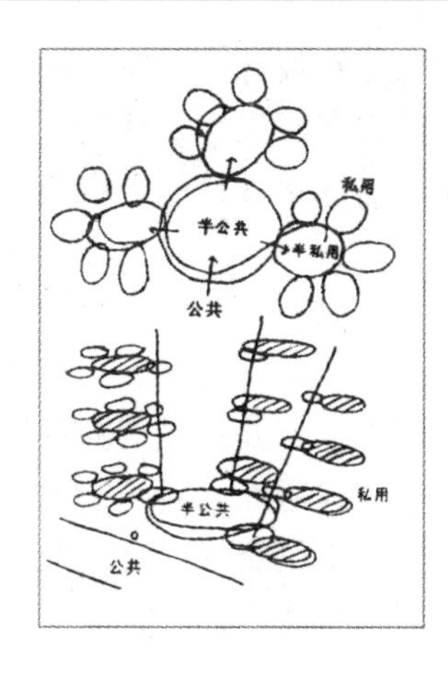

图6－1－2　领域的层次

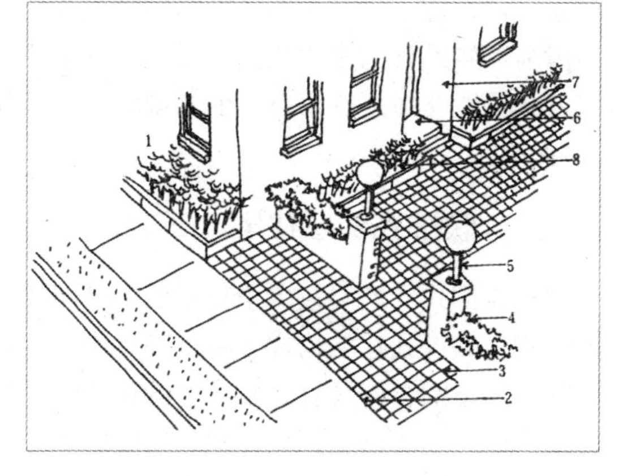

图6－1－3　象征性障碍表明过渡领域

（四）社会交往需求

居住区的外界环境和其他城市环境之间存在很大的差别，正是这种差别的存在在一定程度上反映了其自身的社会性和秘密性。特别是对于老年人来讲，小区的室外环境可能是其最为重要的放松与社交场所，社区内的环境比较好，对于老年人减轻其自身的孤独感具有非常重要的作用。这种优势对于儿童来讲同样存在，儿童的重要社交场所除了学校就是居住的小区，良好的小区环境对于儿童的健康成长具有非常重要的作用。

二、居住区外环境形态设计

抽象地从空间形态角度出发，居住区外环境设计需从其基面形状，围护面的围合方法设计入手，进行静态空间形态及动态空间序列设计，树立空间凝聚点，完成环境形态的整体设计。

这里，我们继续从居住区外部环境的特点出发，以几种典型的居住环境形态为例，作进一步的阐述。

（一）独立式住宅

这里我们所讲的独立式住宅并不是在偌大的自然环境中存在的一幢住宅或者小楼，而是具有相似特征的集中建筑群体，它的基本形态特征是带有独立小院的低层住宅，每个单元与单元之间在形态或者特征上有非常明显的相似之处。小尺度的建筑使得环境变得更加亲切而富有人情味，但是，单就个人在单位面积的住宅环境中，尽量要避免这种设计，因为这种设计在一定程度上讲具有非常鲜明的单调与孤独感。在设计过程中，还要避免因为风格设计的多样化而导致的设计形式杂乱无章现象，最佳的设计方案就是在能够体现有章可循的基础上进一步体现出绿化设计的丰富性和多样性。

（二）联排式低层住宅

这种联排式的低层住宅主要指的是排屋或者三个以上并列排列的低层住宅形式，联排式住宅构成了室外环境中的连续存在的层面，对于形成建筑的外部形态围合感具有非常重要的作用。这种作用不仅能够以自由的形式布局，而且还能够利用周边比较广阔的外部环境进行重新设计，现实生活中最为常见的形式就是组团式布局。

（三）内庭式住宅

这是一种以独立低层住宅围合或半围合私用庭院为基本单元而构成群体的布局方式，既可相对独立设置，也可以各种方式联合布局（图6－1－4）。

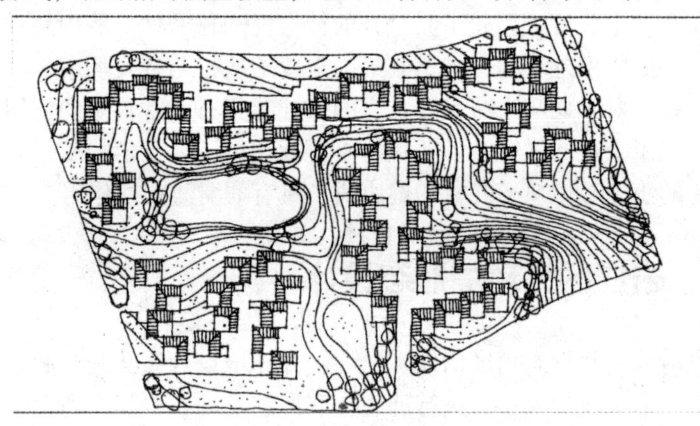

图6－1－4　内庭式排屋布局

（四）多层住宅

当居住区需要有较大的容积率，联排式的单元水平连接不能满足较大的总量时，单元的垂直叠加是增加总量的好办法，四至六层至及七层的多层住宅楼是我国居住区中最广泛采用的住宅模式。

从平面限定外部空间的角度看，多层住宅外环境中建筑物的作用与前面所述的低层住宅相似，亦有独立布置、联排式周边布局、行列式、组团式、自由布局等多种方式，由于建筑高度的增加，多层形成的围蔽面，其对外部空间的作用较低层住宅强烈得多。由于采光、通风及日照的要求，原低层住宅外环境中很重要的半私密院落空间被 D/H 约等于 1 的空间所取代，易于形成具有明确形态的室外环境。

（五）高层住宅

顾名思义，高层住宅就是十层或者十层以上的住宅，我们能够称之为“高层烛照”。这种建筑形式在形体上以其高耸的建筑形式为主要特征，但是我们不得不承认的一种现象就是单单几栋高层建筑之间形成的环境空间在一定程度上会使得形态感、容积感相对较差。高层住宅所形成的外部环境以围绕建筑的构成为主，要想使其产生诸如住宅外环境的围合感觉或者封闭感，一定要考虑到人在环境中所需要的心理感受。从整体的空间形态上来讲，组合小组团及其布局的细腻感是其最为理想的设计形式和方法，一个成功的高层设计也能够成为当地比较有代表性的景观特点。

三、典型案例赏析

步入上海浦东新区东外滩的仁恒滨江园居住区，立即会被优雅别致的建筑形象和鲜明独特的室外环境深深吸引。占地 9.8 ha^2 的仁恒滨江园处于浦东滨江绿带的东端，由高层和小高层公寓楼组成，建筑群体以特征鲜明的网弧形为母体构成环环相绕、曲线流畅的建筑组团。并通过建筑形体将外环境分隔为多层次且相互流通的组团空间和小区公共空间。区内以环形道路围绕小区建筑，严格区分车行空间与步行空间，保证了步行环境的宁静、安全和不被干扰（图 6－1－5、图 6－1－6）。

图 6－1－5　仁恒滨江园总平面图

图6-1-6　小区透视图

区内以几组圆弧形建筑形成外部空间的围护面，构成几组各具特色的组团休闲活动空间，分别以绿化植物、铺地小广场、水池等为特征，形成了识别性强的主题花园，并设有色彩鲜艳、造型生动的儿童活动器械，以便于儿童娱乐玩耍。在每单元入口与区内道路连接处设置了环形或弧形的透明玻璃连接廊（图6-1-7、图6-1-8），保证全天候的步行环境。

图6-1-7　玻璃走廊

图6-1-8　玻璃步行廊

小区内的场地设置还是比较齐全的，设有网球场、花园、游泳池以及迷你推杆式9洞高尔夫球场等一系列比较先进和实用的室外场地。通过入口处的落水广场一直到椭圆形观演广场之间的景观轴线使环境具有非常强烈的中心感。小区中心环境中尚存在比较精巧的休闲小空间，是生活中人们进行社交的重要场所。小区与各组团外环境之间能够构成比较流畅的动态空间，分而不离，隔而不断，具有高度的现代化、多层次化、多视点化的重要特征，这是仁恒滨江园环境设计中最为重要的特征。

随着社会的不断发展与进步，现代人的生活节奏越来越快，在工作之余能够享受比较好的绿化景观，与大自然之间进行良好的沟通与交流，这是人们所期望的，而这一愿望在仁恒滨江园中就能够得到实现与满足。具体如图6－1－9、图6－1－10所示。

图6－1－9　入口局部

图6－1－10　仁恒滨江园外景

第二节　校园环境设计典型案例赏析

一、香港理工大学

香港理工大学是一座校园狭小的城市大学，位于九龙火车站附近，占地面积8.8万m^2，总建筑面积超过12万m^2，容积率达到1.4。对于需要大量室外场地的大学校园来讲，这样高的容积率是否意味着高层教学楼不可避免，以及学生休憩、交往空间的匮乏呢？香港理工大学会给你不一样的答案。

（一）校园布局

设计师将教学区的首层进行“满铺”。设置了实验室和大量的停车库，而将主要校园广场、绿地、出入口布置在其屋顶平台上，使得空间得到最大程度的利用。公共活动区周围建筑的底层进行了架空处理，消除了建筑外环境的封闭感（图6-2-1），并且由二层平台上俯瞰校园的运动场或远眺城市建筑群都能获得不错的景观（图6-2-2）。

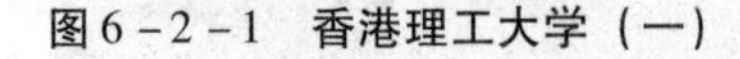

图6-2-1　香港理工大学（一）

图6-2-2　香港理工大学（二）

（二）建筑与绿化

建筑与绿化是香港理工大学校园环境中最为主要的两个要素。它们在形态上刚柔并济，在底层，还有二层、三层的平台上，绿化的立体种植使环境得到进一步柔化，这样也显得更加宁静、优美，甚至使枯燥的室外台阶也流露出山林野趣。色彩上，暖褐色的建筑墙面与植物的葱绿构成了主调，两种色彩冷暖相宜，相互掩映，显得端庄秀丽。

（三）环境设施

香港理工大学对空间的立体使用，使得空间显得比较复杂，因此作为信息设施的指示牌、方位图的设计与合理分布显得非常重要。校园内所有的指示牌、方位图均采用黑色立杆、红色版面、白色字符，造型简洁而醒目，既实惠又美观。另一些环境设施也都经过统一设计。如各类灯具均采用黑色立杆、白色球形灯罩，无论竖立于褐色墙面还是绿色树丛前都是美的点缀。这些环境设施的简洁造型对于一个建筑密度较高较拥挤的校园环境而言是非常得体的。

二、东京都立大学

位于日本东京都八王子市的东京都立大学校园竣工于1991年3月，

由日本设计公司策划设计，占地 42.7 ha^2，总建筑面积约 5.7 万 m^2。校园建在略有起伏的坡地上，整个校园建筑群以低层教学楼为主，由西向东，绵延呈带状分布，依次分为文科区、理工科区、交流区及运动区等，每个区域以一组布局灵活的教学楼建筑以及它们之间形成的各种层次及形式的室外空间构成，且通过步行廊和通道彼此相联系，由此形成层次丰富、宁静优雅的校园环境（图 6－2－3）。

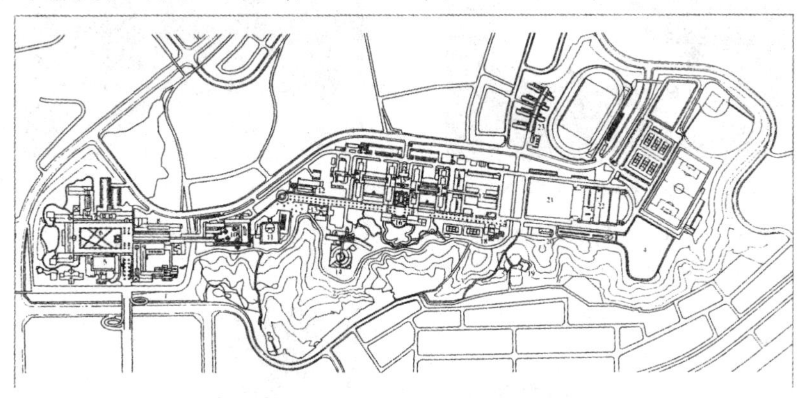

图 6－2－3　东京都立大学总平面图

校园西部为主建筑及其广场、庭院等组成的文科系区域，建筑物以围及半围合的形式构成大学广场和文科楼内庭院两个较为主要的室外环境空间。

大学广场为矩形，南北两侧建筑物底层均设回廊，形成由室内到室外的过渡，大学广场以草坪、绿化为主要特征，在东端信息长廊的对景处设一组石块堆砌的雕塑，朴实、刚劲。而在该区域东侧文科教学楼所形成的内庭院，则以天然石材和地砖铺装而成的硬地为主，辅以局部绿化及几组休息座，是学生们课余交流、读书的合适场所（图 6－2－4、图 6－2－5）。

在校园中部的理工科系区域，亦有如图 6－2－6 所示的带状景观空间，这里的树木栽种成行成列，具有强烈的导向性及方向感，树池亦经过精心处理以天然石块围砌的边缘，朴实、精致，从这里还可以眺望白雪覆盖的富士山，景色十分宜人。东京都立大学校园依地形而建，建筑群体含蓄，室外环境层次丰富，特征鲜明，与自然环境和谐融洽，是较成功的校园设计实例。

图6－2－4　文科学院庭院

图6－2－5　校园中的立石雕塑

图6－2－6　理工科学院带状长廊

第三节　办公建筑外环境设计典型案例赏析

一、办公建筑外环境的要素设计

办公建筑外环境中的铺地、绿化与水景对环境质量具有极为关键的作用。当在满足这些要素应有的功能的同时，我们还应该全面考虑到它的景观性。商务广场国家银行大厦的庭院设计是一个非常典型的设计。通过水景、绿地、院墙的设计使得环境非常宜人，甚至会给人们带来一些大自然的乡土气息。

环境中的设备配备也有非常重要的作用，比如灯具，在各种各样的景观设计中，服务设计的形态与布局都会需要与环境、建筑之间相互协调。此外由于办公建筑的公共性特征，在环境的各个部位都需要进行必要的无障碍设施设计。

二、海湾大厦外环境

海湾大厦为一幢27层的商住办公楼（图6－3－1），坐落于上海南外滩的西端，邻近著名的外白渡桥和上海大厦。大楼的基地呈三角形，用地较为局限。在围绕大厦10m左右的区域中安排了大厦的出入口、地下车库的出入口以及20来个地面停车位（图6－3－2）。同时又挤出几块有限的零星用地进行绿地和景观设计，使办公楼的外环境较为亲切、优美（图6－2－3、图6－2－4）。

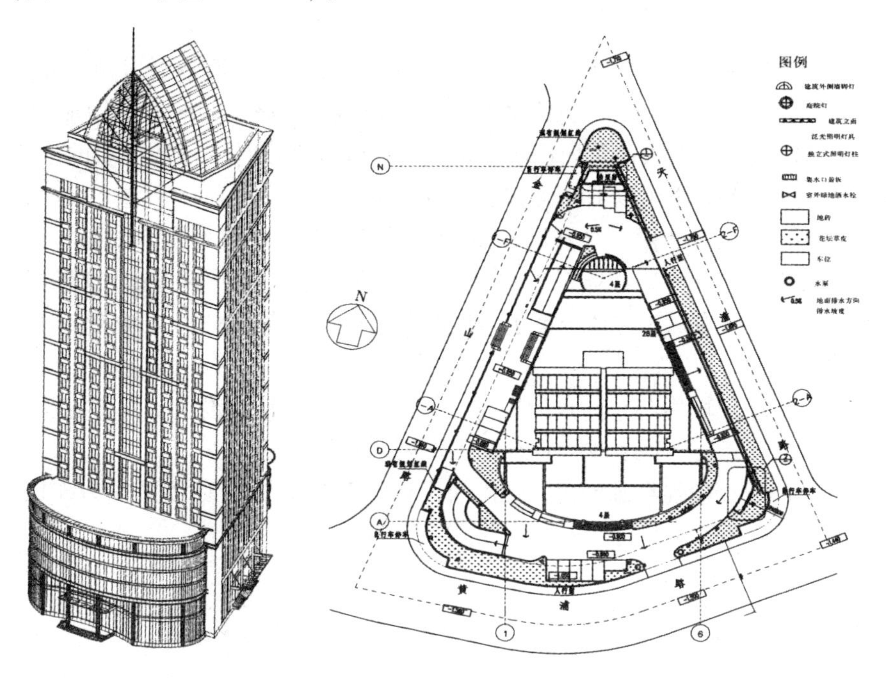

图6－3－1　上海海湾大厦　　　　图6－3－2 海湾大厦总体平面

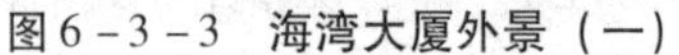

图6-3-3　海湾大厦外景（一）

图6-3-4　海湾大厦外景（二）

（一）建筑小品

由于建筑的需求在外环境中需设置一座垃圾房，一座油泵房和三处地下室的进排风口。由于它们体量较大（高度为2~4m），处理不当将对狭小的外环境造成很大的负面影响，也就成为外环境设计中需要面对的主要矛盾。设计者运用了以下几个方法进行解决：

（1）在风格、用材（花岗石与铝百页窗）上力求与大楼相一致。

（2）化整为零减小体量。尤其是对大楼北端入口处的进排风口的处理，将其一分为二对称地设置于入口两侧，既减小了体量，又与入口对称的风格相统一。

（3）在垃圾房与东南角的进排风口的实墙面上精心设置了大厦的名称及标志，使其从外观上成为具有标识作用的建筑小品。

（4）通过增强细部处理，使附属设施小建筑既融于环境又成为亲切、可供观赏的环境小品（图6-3-5、图6-3-6）。

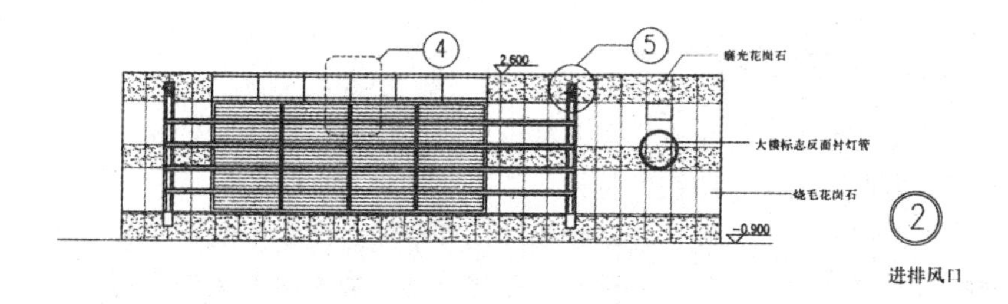

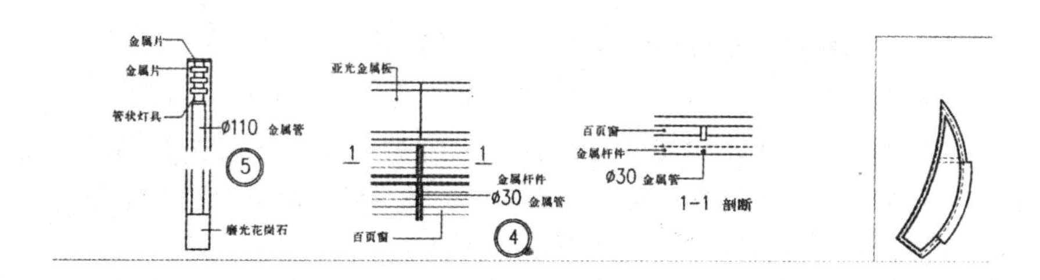

图6－3－5　室外风口详图

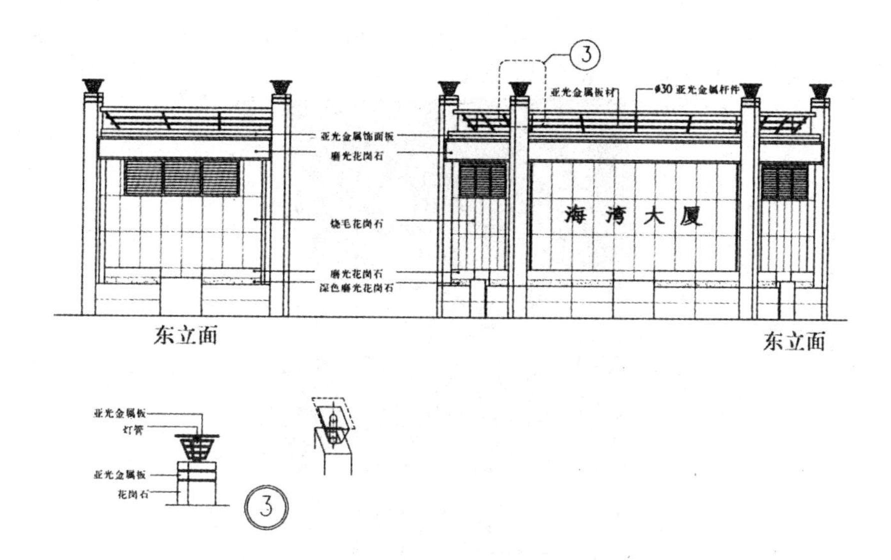

图6－3－6　室外设备用房详图

（二）铺地与绿化

办公楼的室外地坪统一采用两种色彩的广场砖进行图案铺贴，因为场地狭小，力求突出简洁明快的特征。

停车位均采用植草砖，并结合场地设计草坡，使狭窄的绿地最大程度地能够为人所感受，加之局部精心的绿化设计，为大厦的室外环境增添了几分绿意。

三、深圳电视中心方案

深圳电视中心坐落于福田中心区，南临深南大道，西接新洲路立交桥，是幢集电视节目制作、播出及表演为一体的综合性办公楼。以下是华东设计院徐维平建筑师等为电视中心设计的方案（图6-3-7）。

（1）设计理念。从设计之初，建筑师就将其关注的焦点从单体建筑本身扩大到环境，以及对城市的外部空间形成所能起到的作用上。建筑师以一系列开放空间为出发点，在建筑电视中心大楼的同时也为市民营造了室外生活空间，并使之成为一个适宜于人们交流，并能诞生各种文化观念、艺术形式等城市既有特征的理想场所。

图6-3-7　深圳电视中心设计方案

（2）开放空间。在深圳电视中心的室外总体设计图中，依次在东南部、南部和东北部安排了入口广场，中心广场以及开放庭园三个主要的开放空间（图6-3-8）。

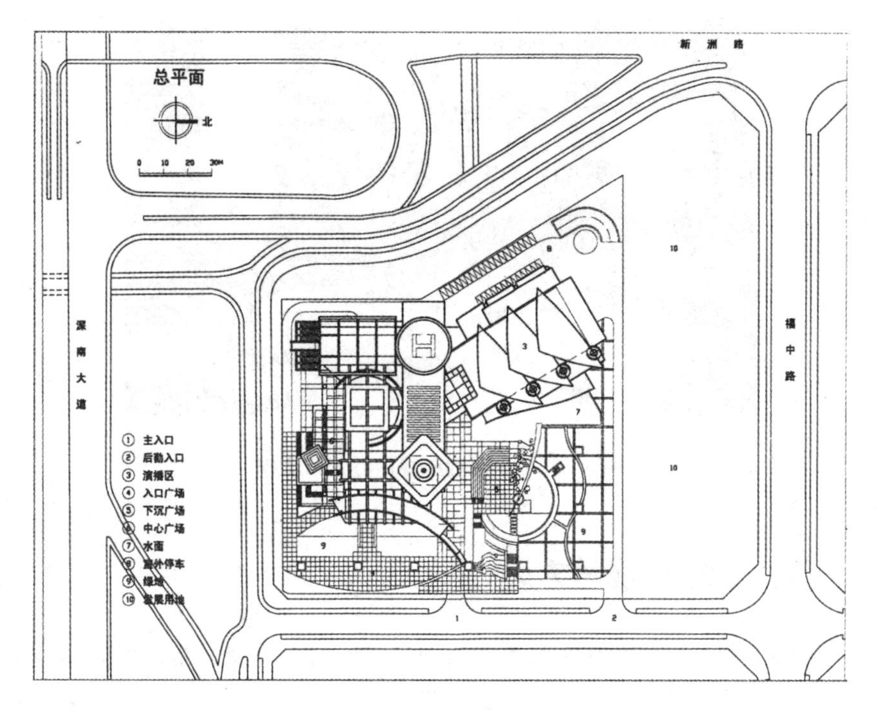

图6－3－8　深圳电视中心总平面图

①入口广场。入口广场与基地东侧的主入口临近，为高耸的弧形建筑外墙所包围，并将人流引向建筑，构成了气势恢宏的入口空间。

②中心广场。中心广场位于建筑南端6000m标高的架空平台之上，由主楼与西侧的辅楼围合而成，颇具气势。宽阔的台阶以及斜坡式的绿地，跌落水景将人们从东南两侧的入口广场引至中心广场，并由此进入建筑的各个区域。平台之下是车行广场，立体化的广场布局使人车得以很好地分流（图6－3－9）。

③开放庭园。设计师将基地的整个东北角设计为一个开放的庭园。并将主楼架空，使中心广场、入口广场与庭园贯通而成为一个整体。庭园中成片的绿地和水景体现开朗、活跃的现代风格。其中还设计了下沉式室外演艺广场，使室外环境更富于现代感和文化气息。

图6－3－9　深圳电视中心入口透视

四、上海电视台大厦

上海电视台大厦位于上海电视台南端，面对石门路，是汪孝安建筑师于上海电视台中建成的第二个作品（图6－3－10）。以下对其外环境设计作一些介绍。

（1）由于建筑紧贴石门路，对入口空间的设计带来一定的约束。建筑师设计了一个尺度较大的弧形雨棚，将入口空间的大部分置于其下。由于这个半室外的空间具有两层高度，且雨棚顶部采用玻璃材质，使空间明快而有气势。入口部位净白玻璃的建筑立面和半室外的楼梯将内与外，上与下的空间融汇[illegible]口空间增添了丰富感（图6－3－11）。

图6－3－10　上海电视台二期设计

图6－2－11　上海电视台入口雨棚

(2) 庭院大楼的北侧是开敞的庭院（图6－2－12）。临近建筑的部分设有一个有高差的硬地广场，其余大部分设计为布局自由的绿地庭园，一条铺石小径蜿蜒其间，与几何图案的硬地广场形成了较大的反差。偌大的庭院既为办公人员提供了外部活动空间，又使充满现代感的建筑得到良好的映衬（图6－2－13）。

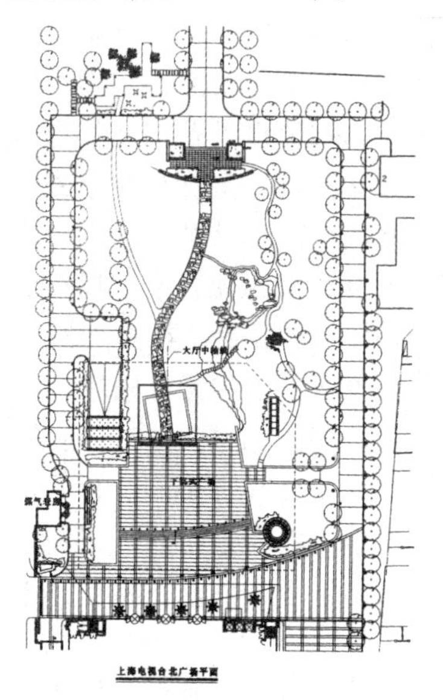

图6－2－12　上海电视台北广场平面图

图6－2－13　上海电视台北侧庭院铺地

(3) 建筑小品与设施。电视台大厦的室外环境中设计了几座建筑小品，如入口处的接待室、庭院中的地下车库、人行出入口等。为了与建筑的风格相一致，建筑小品多采用玻璃与不锈钢材料，造型也力求体现精致、明快的现代风格。一些环境设施的设计也是如此，如电视台的标志牌、灯具等，都对环境起到了良好的点缀作用，并与整个建筑环境相和谐。

第四节　商业建筑外环境设计典型案例赏析

一、美国圣地亚哥荷顿广场购物中心

建于20世纪80年代的美国圣地亚哥市荷顿广场购物中心是在政府鼓

励建设、改造更新市中心地区的背景下建成的新型商业区，其以生气勃勃的建筑群体和丰富的环境空间，五彩缤纷，充满节日气氛的环境设计而闻名。荷顿广场的平面设计完全打破了原来九个矩形街区的单调格网图形，以一条由两条圆弧曲线构成的“S”形街道与一条直线街道交织着沿基地对角线斜穿地块，从而形成一个变化丰富、富有动感的开放空间。从圣地亚哥市的大环境看，这条斜线街道正是该市通向海边的一条不规则道路空间的延伸，与城市现存路网的配合和谐自然。斜向步行道路沿地形坡度布置，采用两个弧形空间相衔接的形式，建筑立面细节设计及空间处理方式吸收了意大利传统风格的精华，步行道空间层次丰富、节奏韵律感强、气氛热烈。广场位于高于地面一层的平面上，突出了地面特征，增加广场空间的立体感。各种楼梯、自动扶梯、坡道、人桥、回廊使整个广场充满了热闹的节日气氛，并使游人可以通过多种高度、位置上的视点俯视、眺望、欣赏流动、活跃的广场环境，并充分感受置身其中的无穷乐趣。

荷顿广场设计成功的关键在于将它作为城市中一个具有特色的地区，而不仅是独立的工程。设计者意欲创造一种形式，使来自不同文化、不同阶层的人们能聚集在这里，交流情感，休闲娱乐，或者说游客可以在这里呆上一整天，犹如中世纪欧洲城市的广场，人们乐于来到这里感受其丰富的文化气息，增加人与人之间的亲切感。

该商业中心建成后每年吸引了1500万到2500万游人到此，使圣地亚哥市衰败的城市中心区面貌大为改观，也进一步显示了一个成功的商业环境对于现代人所具有的极大吸引力。

二、上海新世纪商厦

上海新世纪商厦位于浦东新区张杨路商业中心西南，张杨路商业中心用地面积138 ha^2，总建筑面积58万 m^2，由20余幢各类大型公共建筑及围合而成的长圆形广场组成，广场周边布置有商业步行廊，将这些建筑连接起来，形成内向型商业花园。新世纪商厦所在的位置是商业中心最重要地段，即浦东南路与张杨路交叉。作为总建筑面积1448万 m^2 的大型百货店，其内部不采用常见的中庭，而是将大空间设于建筑正面入口处，以一片26m高圆弧形带12圆拱门洞的墙体形成的围合面，建筑主体后退，其间形成一个内外流通，半封闭型的建筑广场，简洁而富有韵律，通过拱形门洞能够看到商店内部的情景。在日光照射下，玻璃天棚、圆弧形墙面、圆柱面上投下斑斑光影，颇有韵律感。在特定的节假期或者是促销活动期间，广场空间内还设有很多售货小车、冷饮店、咖啡座等，一番生机勃勃的景象，同时也起到了吸引路人进入商店内部的作用（图6－4－1）。

图6－4－1　上海新世纪商厦的外墙装饰

广场与室外弧形台阶、弧形花坛护墙等构成由道路进入建筑物过程中两个层次的外部空间，形成公共环境与室内室间的过渡和引导，这对于营造良好的商业氛围具有非常重要的作用和意义。

进入广场的地面局部是略微有些高的，两侧设立有浮雕墙、座椅以及水景花坛等。假如说新世纪商厦前面是广场建筑，那么商业中心广场则应该是为游客提供休息场所的场地，但是由于种种原因（设计者自身的原因、设计成本的原因、广场功能不符合要求的原因）使得广场里的人显得比较冷清，可见其凝聚力是比较弱的（图6－4－2 至图6－4－4）。

图6－4－2　商厦外景（一）

图6-4-3　商厦外景（二）

图6-4-4　商厦外景（三）

三、日本福冈博多水城

位于日本九州西海岸的福冈市，自古以来是重要的国际港口，其地理位置优越，经济、文化深受中西方的外来影响，曾是日本历史上最开放的城市，近代日本的飞速发展使其更具国际化特征，博多水城面临穿过福冈市内的那可河，位置优越、交通便捷，是近年来开发的多功能超大型工程，综合商业、娱乐餐饮、办公、旅馆等多种功能，以“一个在都市发展方面焕然一新的概念，使福冈的理念与活力在都市景观塑造上更具人格化”的设计理念，以“人”为考虑主体，创造一种与其文化、历史、自然和谐相处，并向人们传递美好现代生活体验的优质环境。

由于福冈市多水的特点，综合体的布局以“水街”为轴曲折展开，一条人工开发的运河（较地面低一层）与一条主街为中枢系统安排商店，组织人流（图5－3－20）形成立体混合的格局，在空间组织中以水平向划分与竖直向叠加相结合，形成丰富多彩的环境空间。滨水岸线柔和曲折的不规则处理，精心设计的铺地、坐椅、喷泉、雕塑，可供水上表演的景观场所以及丰富绚丽的色彩等等，无不使环境空间生机勃勃，充满乐趣。在所采用的材料上，博多水城的设计注重自然的特点，基座部分采用石材，建筑立面由低于街道的河面逐层向上，以不同色质的石材砌成断层形式，象征河流对大地的经年累月的冲刷而形成的景观。立面部位逐渐升高，石材的色彩更趋于明快，象征时代的发展和成长。墙面色调亦与传统日本建筑色调相仿，以暖色为主调，以其获得原住居民的认同感。

博多水城的设计强调，首先是人，然后才是商业，一个美观舒适的环境令人愉快，促进人的交往，与充斥直接的商业目的的设计相比，这一理念使得商业和开发商的经济利益更为成功地实现。在开业之初的八个月内，博多水城就接待了12亿来访者，这一工程的建成，对于日本乃至亚洲今后类似的商业环境设计将是个良好的范例。

第五节　纪念性建筑外环境设计典型案例赏析

一、侵华日军南京大屠杀遇难同胞纪念馆

侵华日军南京大屠杀遇难同胞纪念馆是为纪念1937年日军屠杀我南京同胞计30万人这一惨绝人寰的历史事件而建。馆址设于当年遇难同胞尸骨掩埋地之江东门。由著名建筑师齐康教授等设计，并于1985年8月中国人民抗日战争胜利40周年纪念日落成。

作为建筑于独立基地之上的纪念特定历史事件的纪念馆，建筑设计师通过对环境要素及空间的设计，表现出的是一种对国破家亡之痛的压抑和铭记，对侵略者兽行的无比激愤。纪念馆的参观流线安排如下：

①入口面对几片高低错落的大墙，上面题有馆名和“遇难者300000”（图6－5－1）。

②登上台阶，折行到达至高点（纪念馆屋顶）俯看全园。

③沿着三块纪念石及浮雕墙面，围绕矩形卵石广场行进，到达广场对

角的半地下的尸骨室（图 6 –5 –2）。

④拾级而上完成绕卵石广场一周到达主纪念馆。

在纪念馆的外环境设计中，有以下几个显著的特点。

图 6 –5 –1　纪念馆入口

图 6 –5 –2　纪念馆半地下尸骨室

（一）要素设计

地面：作为室外主景的卵石广场完全以卵石覆盖形成（图5－5－3），给人以寸草不生的荒凉感。配合主雕像——寻找遇害子女的母亲像，创造出事件之后的悲惨场景。

墙面：以一组浮雕展现国破家亡后惨遭杀害、凌辱的群像，既展现了主题，又在向尸骨室行进道路中创造了沉痛、压抑、愤怒的悲剧氛围（图6－5－3）。

图6－5－3　纪念馆卵石广场

（二）空间设计

空间起伏：从入口上台阶到达馆顶，下到卵石广场，再往下进入尸骨室，向上到达主纪念馆。参观流线的起伏带给人界域的变化感和思绪与情感的跌宕。

空间的放与收：从入口进入，在大墙面包围之中到屋顶——空间收；上到屋顶一览全景——空间放。进入尸骨室前的小道虽然只有一面有围墙，但其空间也是一个逐渐收缩的过程。因为人的活动界域只局限在小道上，而视线也缓慢地在浮雕与纪念石上移动，转折、向下进入尸骨室，空间进一步收缩。出尸骨室走出地面空间才又一次开阔起来。在空间的变幻中，参观者对眼前所见进一步关注，也深受感染。

二、甲午海战纪念馆

甲午海战纪念馆建于山东威海市刘公岛南端。为纪念中国近代史上最屈辱也最悲壮的海战而于1995年建成。设计人是著名建筑师彭一刚教授。

甲午海战纪念馆辟有独立基地，但因其狭小，只是由雕塑感很强的大门引入，经过一条短小弯曲的小道，走上斜向的台阶即进入纪念馆室内(图6－5－4)。室外环境并无展示功能，布置也简单，但依然非常感人。这是因为建筑师在对这座以建筑为主体的纪念环境的设计中，抓住以下几个环节进行了深邃而精湛的设计，从而达到了“联系历史上某人某事，把消息传到群众，俾使铭刻于心，永志不忘”的作用。

（1）选址：甲午海战纪念馆的独特位置无疑是环境具有感染力的重要因素。既与海战海域临近，又与威海市中心遥遥相对，是乘船往来的人们的视觉焦点，且基地突出于海面，环境蔚为壮观。

（2）雕塑：雕塑具有展示纪念主题的作用，建筑师将一尊高度近5米的巨型雕像与建筑融为一体，使整个环境具有极强的叙事性且与纪念环境非常贴切(图6－5－5)。这种雕塑与建筑浑然一体的造型方法具有相当难度，是建筑师多年来在纪念性建筑环境设计中孜孜不倦探求的结果。

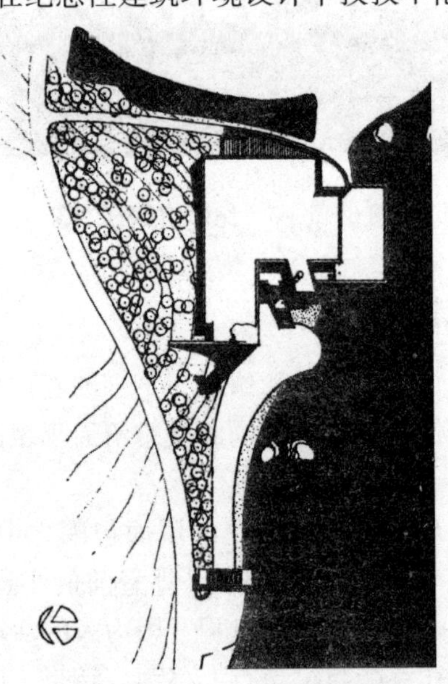

图6－5－4　甲午海战纪念馆平面

图 6－5－5　甲午海战纪念馆正面

（3）象征手法的运用：以象征手法对建筑及环境要素进行造型设计是甲午海战馆设计的特点之一。以相互冲撞、穿插的体块，以及出挑的平台象征撞击的战舰，以残缺的大门、建筑平台上向上延伸的圆柱给人以沉船、折断的桅杆的暗示等等。

巧妙的选址，雕塑与建筑的融合以及象征手法的运用，为参观者在原址边概括、抽象地再现了一百多年前惨烈的一幕，使纪念主题得到了很好的阐述，也使环境具有极强的感染力。

参考文献

[1] 刘瑶. 探讨色彩搭配在室内设计中的作用 [J]. 设计, 2017 (13).

[2] 宫振杰, 刁海涛. 浅谈主题性室内商业空间的色彩研究 [J]. 设计, 2017 (16).

[3] 张程. 建筑室外环境景观人性化设计研究 [J]. 通化师范学报, 2017 (09).

[4] 何旭光. 室内空间设计的有与无 [D]. 长春: 东北师范大学, 2014.

[5] 崔铭麟. 地景概念下的南方高端办公区室外环境景观设计研究 [D]. 长沙: 湖南大学, 2013.

[6] 管沄嘉. 环境空间设计 [M]. 沈阳: 辽宁美术出版社, 2014.

[7] 杜雪, 甘露等. 室内设计原理 [M]. 上海: 上海人民美术出版社, 2014.

[8] 陈易, 陈申源. 环境空间设计 [M]. 北京: 中国建筑工业出版社, 2008.

[9] 张绮曼, 郑曙旸. 室内设计资料集 [M]. 北京: 中国建筑工业出版社, 2010.

[10] 程宏, 樊灵燕等. 室内设计原理 [M]. 2 版. 北京: 中国电力出版社, 2016.

[11] 郭茂来, 秦宇. 色彩构成 [M]. 北京: 人民美术出版社, 2008.

[12] [美] 克莱尔·库珀·马库斯, 卡罗琳·弗朗西斯著. 人性场所——城市开放空间设计导则 (第二版修订版) [M]. 俞孔坚, 王志芳, 等, 译. 北京: 北京科学技术出版社, 2017.

[13] 梁旻, 胡筱蕾. 室内设计原理 [M]. 上海: 上海人民美术出版社, 2013.

[14] 傅凯. 室内环境设计原理 [M]. 北京: 化学工业出版社, 2009.

[15] 王东辉，李健华．室内环境设计［M］．北京：中国轻工业出版社，2007.

[16] 李瑞君．室内设计原理［M］．北京：中国青年出版社，2013.

[17] 龚斌，向东文．室内设计原理［M］．武汉：华中科技大学出版社，2014.

[18] 李梅红．室内环境设计原理［M］．北京：中国水利水电出版社，2011.

[19] 王守富，张莹．室外环境设计［M］．重庆：重庆大学出版社，2015.

[20] 钱健，宋雷．建筑外环境设计［M］．上海：同济大学出版社，2001.

[21] 杨潇雨．室外环境景观设计［M］．上海：上海人民美术出版社，2011.

[22] 朱钟炎，于文汇．城市标识导向系统规划与设计［M］．北京：中国建筑工业出版社，2015.

[23] 苏云龙．室外环境设计［M］．重庆：重庆大学出版社，2010.

[24] 田云庆．室外环境设计基础［M］．上海：上海人民美术出版社，2007.

[25] 高祥生．住宅室外环境设计［M］．南京：东南大学出版社，2001.

[26] 沈蔚，李竹．室外环境艺术设计［M］．上海：上海人民美术出版社，2005.

[27] 向帆．导向标识系统设计［M］．南昌：江西美术出版社，2009.

[28] 鲍诗度．环境标识导向系统设计［M］．北京：中国建筑工业出版社，2007.

[29] 汪丹．导向系统设计［M］．合肥：合肥工业大学出版社，2016.

[30] 何玉莲，章宏泽．导向标识系统设计［M］．北京：中国电力出版社，2016.